全国建设行业职业教育任务引领型规划教材

建筑CAD

主　编　谌英娥
副主编　文　华　邹　翔
主　审　苏桂明

中国建筑工业出版社

图书在版编目（CIP）数据

建筑 CAD/谌英娥主编. —北京：中国建筑工业出版社，2016.5（2022.7重印）
全国建设行业职业教育任务引领型规划教材
ISBN 978-7-112-19223-6

Ⅰ.①建… Ⅱ.①谌… Ⅲ.①建筑设计-计算机辅助设计-AutoCAD 软件-职业教育-教材 Ⅳ.①TU201.4

中国版本图书馆 CIP 数据核字（2016）第 047293 号

本书以项目为主线，以工作任务为驱动来编写内容，图文并茂地将理论知识融入任务中，在完成任务的过程中学习绘图软件的相关理论知识与操作技能。本书简化了 AutoCAD 的操作流程，并提供了较多的操作技巧，不仅让读者轻松入门，还能快速提高操作技能。本书包括 10 个项目，每个项目设置 2～5 个任务。

本书可以作为中、高职土建类专业学生、教师用书，还可作为技能大赛训练与技能考证用书，也可作为建筑行业人员的自学用书。

责任编辑：张 晶 聂 伟
责任校对：陈晶晶 赵 颖

全国建设行业职业教育任务引领型规划教材

建筑 CAD

主　编　谌英娥
副主编　文　华　邹　翔
主　审　苏桂明

*

中国建筑工业出版社出版、发行（北京西郊百万庄）
各地新华书店、建筑书店经销
北京红光制版公司制版
河北鹏盛贤印刷有限公司印刷

*

开本：787×1092 毫米 1/16 印张：10¼ 字数：221 千字
2016 年 3 月第一版 2022 年 7 月第七次印刷
定价：**26.00** 元
ISBN 978-7-112-19223-6
（28493）

前　言

本书以CAD项目的职业技能大赛为抓手，以提高专业技能与职业素养为目标，以项目为主线，以任务为驱动来编写。编者将技能大赛集训中总结出的绘图技巧汇编入该书，简化了操作流程，简单易学。

本书满足中职学生的学习特点，将理论知识融入各个任务中，在完成任务的过程中学习理论知识，做中学、学中做。同时为了学习的条理性，以某小区11号楼一套完整的建筑图纸（平面图、立面图、剖面图、楼梯详图、墙身节点大样图等）为主线展开叙述，同时把AutoCAD软件、天正建筑Tarch8.5与建筑制图有机结合，在学习理论知识的同时提高操作技能。

全书共分为10个项目。其中带有上标“*”的内容为选修内容，可根据需要安排教学，任务由5部分组成，具体为：

（1）任务布置与分析：布置任务、分析任务，引导学生识图。

（2）任务目标：通过学习理论知识，提高操作技能。

（3）绘图方法及步骤：介绍任务完成过程，带有“◆”符号的内容为具体的操作方法；紧跟“◆”符号后的内容如果是字母，则表示命令，若是文字，则表示菜单。“→”符号表示下一步操作，括号中的文字为操作说明。书中的“单击”均为“单击左键”。

（4）拓展任务：补充相关知识点，拓展知识面，培养学生综合的职业技能与素养。

（5）支撑任务的知识与技能：完成本任务所需的知识点及技能。

本书由广西城市建设学校的谌英娥任主编，广西城市建设学校的文华、邹翔任副主编，广西城市建设学校的苏桂明任主审。感谢广西建工集团第五建筑工程有限责任公司设计研究院的黎社光与广东中山建筑设计院股份有限公司的孔德乐为本书提供相关图纸。

由于编者水平有限，书中难免有疏漏与不足之处，敬请读者批评指正。

建筑
JIANZHU CAD
CAD
目录
CONTENTS

项目 1

简易建筑图形的绘制与编辑

【项目概述】

绘制一幅完整的建筑工程图纸，必须了解和掌握各类绘图工具和编辑工具的使用方法与技巧。通过完成本项目的一系列任务，引导学生在掌握建筑构件与设施图的操作技能的同时，学习常用的 AutoCAD 绘图命令与编辑命令，掌握这些命令的操作方法与技巧。本项目的图形是从建筑工程图中截取出的一些常用建筑构件与设施图。

【项目目标】

1. 通过台阶正立面图的绘制，熟悉 AutoCAD 的操作界面，掌握透明命令的使用方法及操作技能；

2. 通过平开门的绘制，熟悉坐标表示方法，掌握 AutoCAD 的矩形、圆弧、复制、拉伸、镜像命令的使用方法与技巧；

3. 通过浴盆图的绘制，掌握 AutoCAD 的分解、偏移、圆、圆角、倒角、修剪命令的使用方法与技巧；

4. 通过某办公楼背立面图的绘制，掌握 AutoCAD 的捕捉自、多段线、阵列命令的使用方法与技巧。

任务 1.1　台阶正立面图的绘制

一、任务布置与分析

本任务是绘制图 1-1 台阶正立面图，采用直线命令与对象捕捉、对象追踪与极轴追踪的功能完成图形的绘制，参照图 1-2 标注。

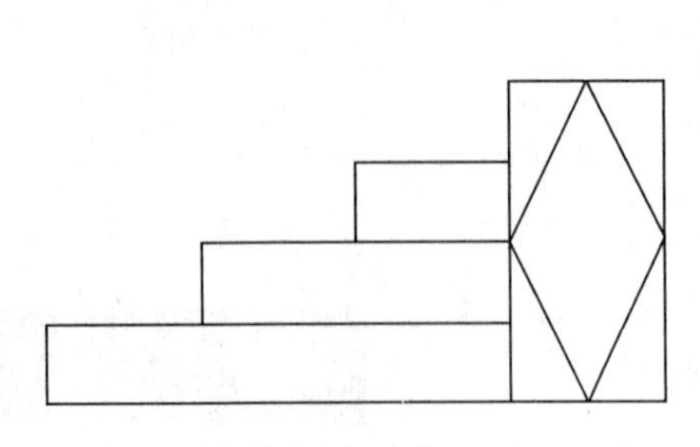
图 1-1　台阶正立面

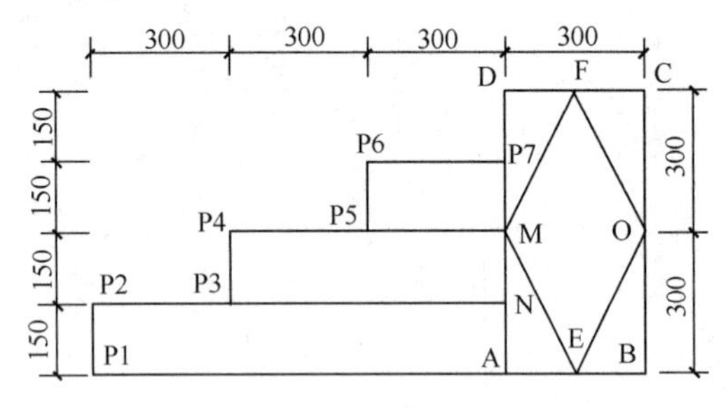

图 1-2　带标注的台阶正立面

二、任务目标

通过台阶正立面图的绘制，熟悉 AutoCAD 的操作界面，掌握直线命令、透明命令的使用方法及操作技巧。

三、绘图方法及步骤

1. 开启极轴、对象捕捉与对象追踪。

◆ 鼠标左键单击任务栏上的“极轴”→单击“对象捕捉”→单击“对象追踪”，如图 1-3 所示。

捕捉 栅格 正交 极轴 对象捕捉 对象追踪 DUCS DYN 线宽 模型

图 1-3　开启极轴、对象捕捉与对象追踪模式

2. 设置对象捕捉、对象追踪与极轴追踪。

◆ 将鼠标放在任务栏上的“对象捕捉”上→单击鼠标右键→左键单击“设置”→弹出“草图设置”对话框→勾选“启用对象捕捉”→勾选“启用对象捕捉追踪”→勾选“端点”、“中点”、“交点”、“延伸”、“垂足”对象捕捉模式（图 1-4）。

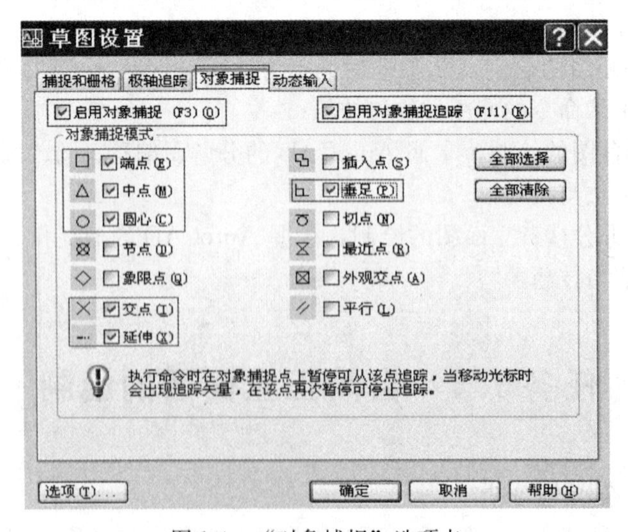

图 1-4　“对象捕捉”选项卡

◆ 单击“草图设置”对话框中的“极轴追踪”选项卡（图 1-5）→勾选“启用极轴追踪”→将“增量角”设置为 90→单击“确定”按钮。

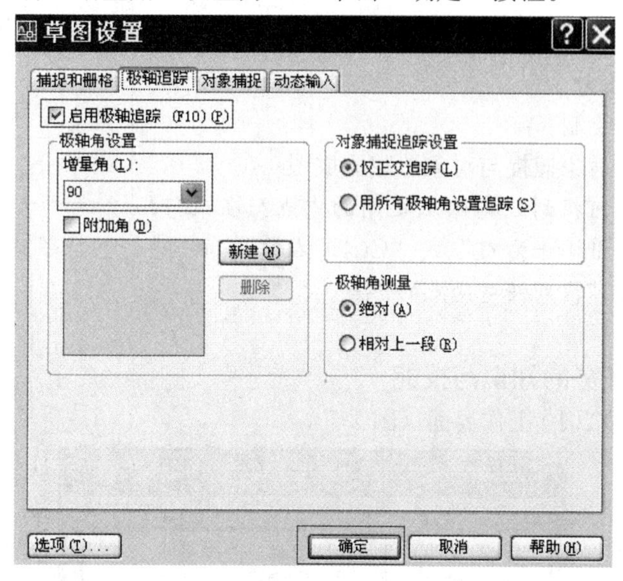

图 1-5 “极轴追踪”选项卡

3. 用直线命令绘制图 1-2 右侧的 300×600 矩形。

◆ L→在屏幕上任意单击一点（A 点）→鼠标水平向右→输入 300（绘出 AB）→鼠标垂直向上→输入 600（绘出 BC）→鼠标水平向左→输入 300（绘出 CD）→C（闭合）。

4. 绘制菱形 FOEM，如图 1-2 所示。

◆ 回车（重复直线命令）→在 DC 直线的中点 F 点处单击→单击 O 点→单击 E 点→单击 M 点→单击 F 点→回车（结束直线命令）。

5. 由下向上，绘制第一个台阶立面。

◆ 回车（重复直线命令）→捕捉 A 点后单击→鼠标水平向左→输入 900（绘出 AP1）→鼠标垂直向上→输入 150（绘出 P1P2）→鼠标水平向右放在 DA 直线上→出现“垂足”捕捉标记后单击（绘出 P2N）→回车。

6. 绘制第二个台阶立面。

◆ 回车（重复直线命令）→捕捉 P2 点（不要单击鼠标）→鼠标水平向右，出现水平追踪线后→输入 300（确定 P3 点）→鼠标垂直向上→输入 150（绘出 P3P4）→鼠标水平向右放在 DA 直线上→出现“垂足”捕捉标记后单击（绘出 P4M）→回车。

7. 绘制第三个台阶立面。

◆ 回车（重复直线命令）→捕捉 P4 点（不要单击鼠标）→鼠标水平向右，出现水平追踪线后→输入 300（确定 P5 点）→鼠标垂直向上→输入 150（绘出 P5P6）→鼠标水平向右→输入 300（绘出 P6P7）→回车。完成后的效果如图 1-1 所示。

小技巧：通常情况下，可以用空格键代替回车键，使用时更方便快捷。

四、拓展任务

窗花图形的绘制。

提示：使用对象捕捉与对象追踪完成图 1-6。

小技巧：如何找到任意两点之间的中点？在执行直线命令后按“Shift＋右键”或“Ctrl＋右键”，再在两点上单击，即可找到任意两点的中点。

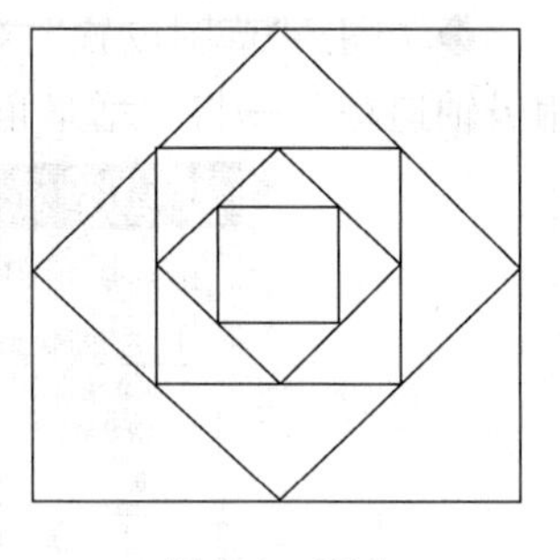

图 1-6　窗花

五、支撑任务的知识与技能

1. AutoCAD 2010 工作界面（图 1-7）

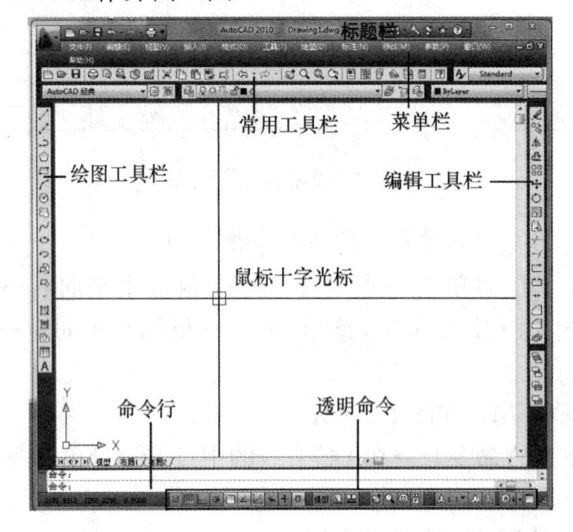

图 1-7　AutoCAD 2010 工作界面

2. 常用的三种命令调用方式：图标、菜单、命令。

3. 鼠标的通常使用技巧

单击左键选定，单击右键弹出快捷键，滑轮向后滚动缩小，滑轮向前滚动放大，滑轮按下不放平移视图。

4. 工具栏的显示控制

在任意一个工具栏上单击右键可调出菜单设置工具栏，在需要显示的工具栏名称前打“√”。

5. 透明命令

在不中断某一命令的执行情况下能插入执行的另一条命令称为透明命令。常用的透明命令有正交、极轴、对象捕捉、对象追踪等。

使用这些功能辅助绘图，可以快速、准确、高精度地绘制图形，从而大大提高绘图的效率和精确度。

6. 直线命令

图标：
菜单：绘图→直线
命令：Line 或 L

说明：

命令：_ line 指定第一点：　　　　//指定直线的起点
指定下一点或[放弃(U)]：　　　　//指定直线的下一点
指定下一点或[放弃(U)]：　　　　//如果放弃则输入 U
指定下一点或[闭合(C)/放弃(U)]：//输入 C 则闭合

任务 1.2　平 开 门 的 绘 制

一、任务布置与分析

本任务中的门由矩形与圆弧构成，先使用矩形命令绘制 40×1000 的门框，再使用圆弧命令绘制圆弧，完成图 1-8 单扇平开门的绘制，然后再复制一个单扇平开门，编辑为图 1-9 双扇平开门。

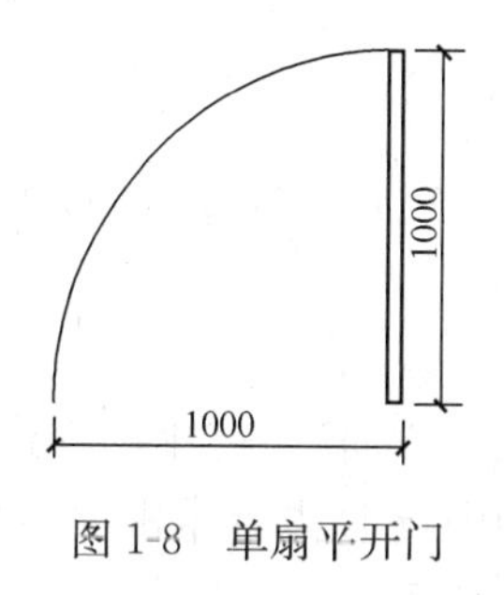

图 1-8　单扇平开门

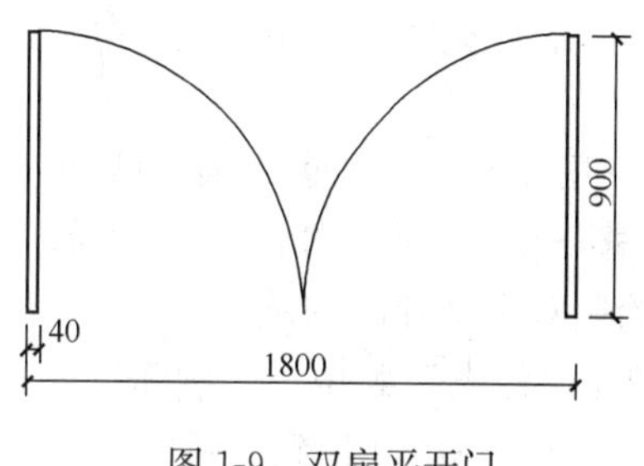

图 1-9　双扇平开门

二、任务目标

通过单扇平开门与双扇平开门的绘制，了解坐标的表示方法，掌握 AutoCAD 的矩形、圆弧、复制、拉伸、镜像命令的使用方法与技巧。

三、绘图方法及步骤

1. 使用矩形命令 Rec 绘制 40×1000 的矩形。

◆ Rec→在绘图区任意单击一点（确定矩形的左下角点）→@40，1000（确定矩形的右上角点）。

2. 作辅助线 AB，如图 1-10 所示。

◆ L→单击矩形右下角点（A 点）→鼠标水平向左输入 1000（确定 B 点）。

3. 绘制圆弧。

◆ 单击“绘图”菜单→“圆弧”→“起点、端点、方向”→在图 1-10 上的矩形右上角 C 点处单击（找到圆弧的起点）→在直线的左端点 B 点处单击（圆弧的端点）→鼠标水平向左，单击。完成后的效果如图 1-8 所示。

4. 复制矩形与辅助线 AB。

◆ Co→同时选择 40×1000 的矩形与辅助线 AB→在图上单击一点→再在目标位置单击。

5. 使用拉伸命令将 40×1000 的矩形门框拉伸为 40×900 双扇平开门的门框。

◆ S→用交叉窗口框选中复制得到的矩形上端（图 1-11）→回车→单击 C 点→鼠标垂直向下移→输入 100 。

6. 使用拉伸命令将长度为 1000 的辅助线 AB 拉伸为 1800。

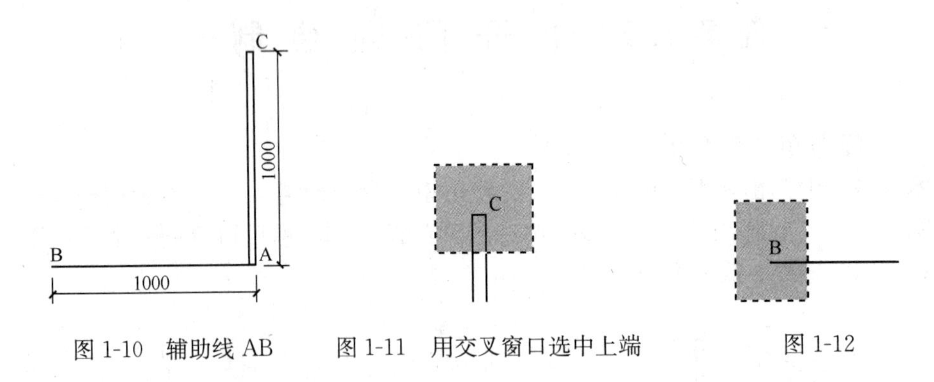

图 1-10 辅助线 AB　　图 1-11 用交叉窗口选中上端　　图 1-12

◆ S→用交叉窗口框选中辅助线 AB 的左端（图 1-12）→回车→单击 B 点→鼠标向左移→输入 800，如图 1-13 所示。

7. 绘制双扇平开门的圆弧。

◆ 单击“绘图”菜单→“圆弧”→“起点、端点、方向”→在图 1-13 上矩形右上角的 C 点处单击（找到圆弧的起点）→在直线的中点 D 点处单击（圆弧的端点）→鼠标水平向左→单击。完成后的效果如图 1-14 所示。

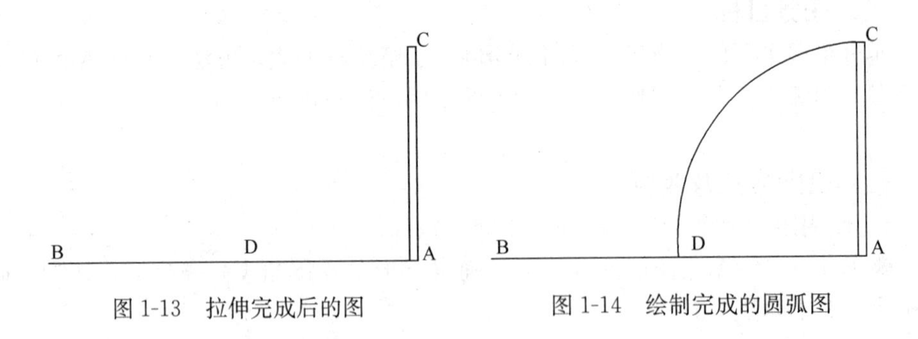

图 1-13 拉伸完成后的图　　图 1-14 绘制完成的圆弧图

8. 使用镜像命令绘制另一扇门。

◆ Mi→框选上 40×900 的门框与圆弧→回车→在图 1-14 的 D 点处单击→鼠标垂直向上，单击→回车。

9. 删除两条辅助线。

◆ E→选择两条辅助线→回车。

小提示：AutoCAD 命令栏输入的符号均在英文状态下输入。

四、拓展任务

双扇推拉门的绘制，如图 1-15 所示。

提示：先绘制 40×550 的矩形。

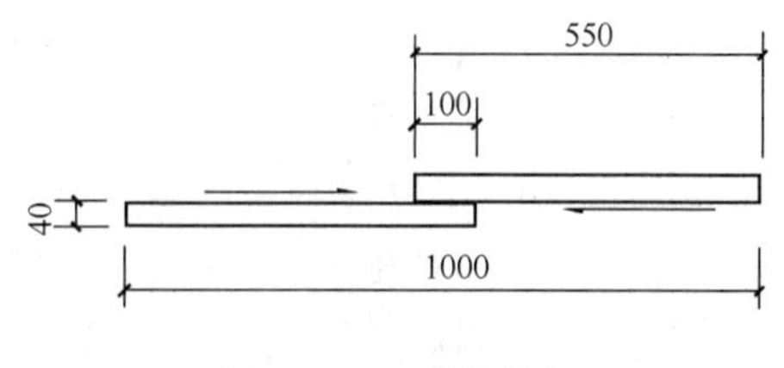

图 1-15　双扇推拉门

五、支撑任务的知识与技能

1. 坐标的精确输入

(1) 绝对直角坐标

绝对直角坐标是以坐标系原点（0，0）作为参考点，定位其他点，表示为（*X*，*Y*）。

在图 1-16 中：A 点坐标表示方法为（2，1），B 点坐标表示方法为（4，4）。

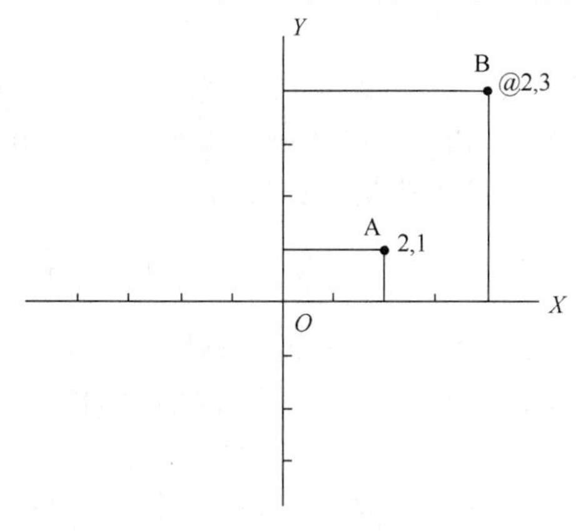

图 1-16　绝对直角坐标与相对直角坐标

(2) 相对直角坐标

相对坐标是某点（B）相对于另一特定点（A）的位置，是把前一个输入点作为输入坐标值的参考点，输入点的坐标值是以前一点为基准而确定的，它们的位移增量为 Δ*X*、Δ*Y*。其格式为：（@Δ*X*、Δ*Y*），“@”字符表示输入一个相对坐标值。例如 B 点相对于 A 点坐标表示为（@2，3），如图 1-16 所示。

(3) 绝对极坐标

绝对极坐标的输入格式为“距离<角度”。距离表示该点到原点的距离，角度表示极轴方向与 *X* 轴正向间的夹角，如图 1-17 中的 C 点表示为“2<45”。若从 *X* 轴正向逆时针旋转到极轴方向，则角度为正；反之，角度为负。

(4) 相对极坐标

相对极坐标是已知当前点相对于前一个点的距离与方向角，可以用相对极坐标表示该点，该点的表示形式为“@距离<角度”，如图 1-17 中的 D 点相对于 C 点表示为“@3<90”。

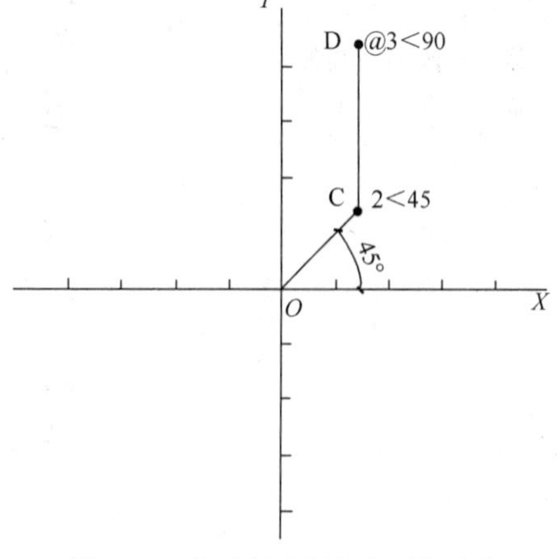

图 1-17　绝对极坐标与相对极坐标

2. 选择对象的常用方法

(1) 直接点取方式

当提示“选择对象”时，用鼠标在对象上直接单击。

用鼠标直接点取实体或通过其他方法选中实体，实体呈高亮度显示，表示该实体已被选中。

（2）窗口方法

当提示“选择对象”时，在图形对象的左上角或左下角单击一点，然后向右拖动鼠标，AutoCAD显示一个实线矩形窗口，让此窗口完全包含要编辑的图形实体，再单击一点，则矩形窗口中所有对象（不包括与矩形边相交的对象）被选中，被选中的对象将以虚线形式表示出来。

（3）交叉窗口方法

当提示“选择对象”时，在要编辑的图形对象的右上角或右下角单击一点，然后向左拖动光标，此时出现一个矩形框，再单击一点，则框内的对象和与框边相交的对象全部被选中。

（4）快速选择的方法

全选：“Ctrl”＋“A”。

（5）添加或去除选择对象

在图形编辑过程中，要选择的对象往往不能一次完成，需添加或删除已选择的对象。在添加对象时，可直接选取或利用矩形窗口、交叉窗口选择要加入的图形元素。若要删除对象，可先按住Shift键，再在已被选择的对象上单击。

3. AutoCAD绘图命令

（1）矩形命令

图标：▭
菜单：绘图→矩形
命令：Rectang或Rec

此命令有比较多的参数，命令执行后，提示：

指定第一个角点或［倒角(C)/标高(E)/圆角(F)/厚度(T)/宽度(W)］：

指定另一个角点或［面积(A)/尺寸(D)/旋转(R)］：　　//此命令需要两个点完成图形的绘制

（2）圆弧命令

该命令需要三个条件。由图1-18可知有11种圆弧绘制方法。

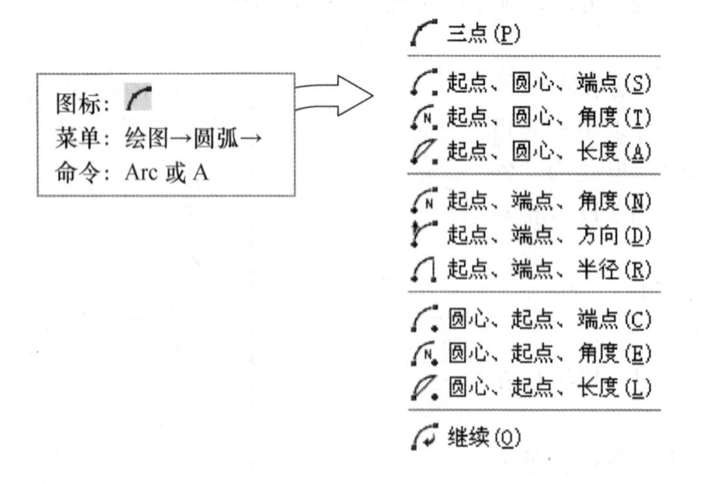

图1-18　11种圆弧绘制方法

4. AutoCAD 编辑命令

（1）复制命令

图标：
菜单：修改→复制
命令：Copy 或 Co

说明：
命令：Co Copy
选择对象：　　//选择对象
选择对象：　　//不选则回车
当前设置：　复制模式 = 多个
指定基点或［位移(D)/模式(O)］＜位移＞：　　//选择基点
指定第二个点或［退出(E)/放弃(U)］＜退出＞：　　//在目标点单击，不再复制则回车结束

（2）拉伸命令

图标：
菜单：修改→拉伸
命令：Stretch 或 S

说明：
命令：S Stretch
以交叉窗口或交叉多边形选择要拉伸的对象
选择对象：　　//用交叉窗口选择对象
选择对象：　　//不选则回车
指定基点或［位移（D)］＜位移＞：　　//选择基点
指定第二个点或＜使用第一个点作为位移＞：　　//输入要拉伸的长度或拉伸到的目标点

具体效果看以下图形：

第 1 种样式：向左拉伸，框选对象时要框选上左边的图形，效果如图 1-19 所示。

第 2 种样式：向右拉伸，框选对象时要框选上右边的图形，效果如图 1-20 所示。

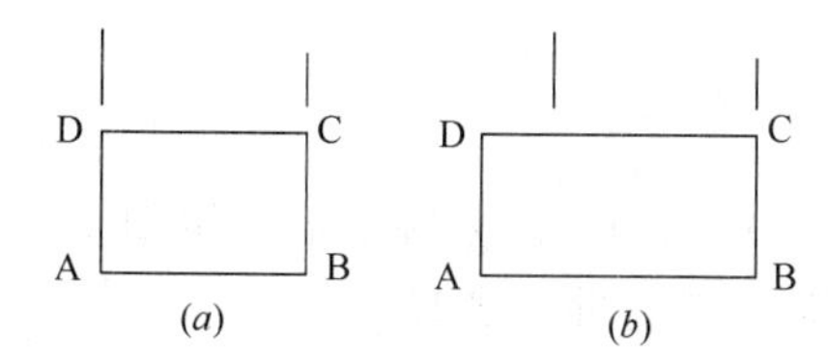

(*a*)　(*b*)

图 1-19
（*a*）原图；（*b*）向左拉伸后的图

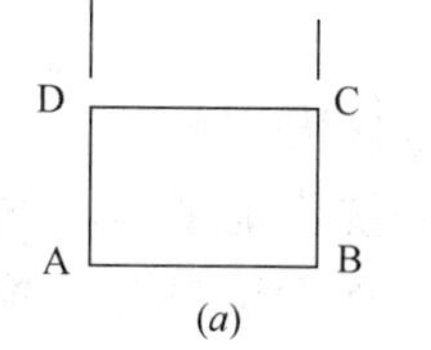

(*a*)

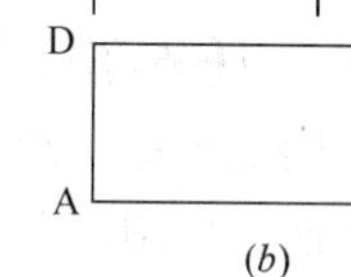

(*b*)

图 1-20
（*a*）原图；（*b*）向右拉伸后的图

除了第 1、2 种向左、向右拉伸，还可向上向下拉伸。

（3）镜像命令

图标：
菜单：修改→镜像
命令：MIRROR或 Mi

说明：
命令：Mi Mirror
选择对象：　　//选择镜像的源对象
选择对象：　　//不选则回车

指定镜像线的第一点：　　　　　　　　　　//单击镜像的第 1 点
指定镜像线的第二点：　　　　　　　　　　//单击镜像的第 2 点
要删除源对象吗？[是(Y)/否(N)] <N>：　　//回车不删除源对象，删除则输入 Y 后回车

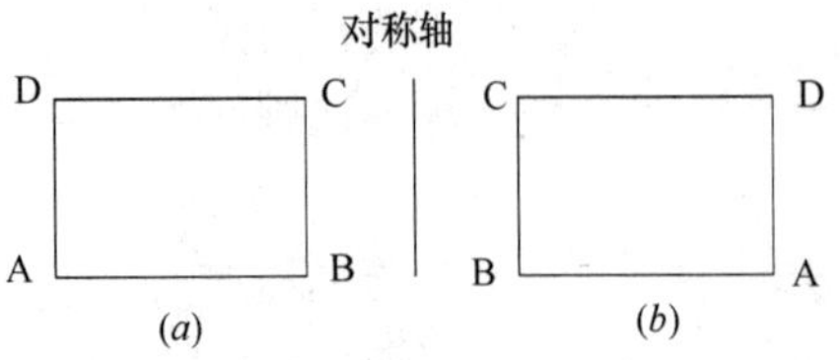

图 1-21
(a) 原图；(b) 镜像后的图

在操作过程中的对称轴不同，决定了镜像后的图形对象的位置，下面看镜像后的几种效果。第一种效果为对称轴垂直，如图 1-21 所示。

第二种效果是对称轴为所绘制的直线，如图 1-22 所示。

第三种效果其对称轴为水平直线，如图 1-23 所示。

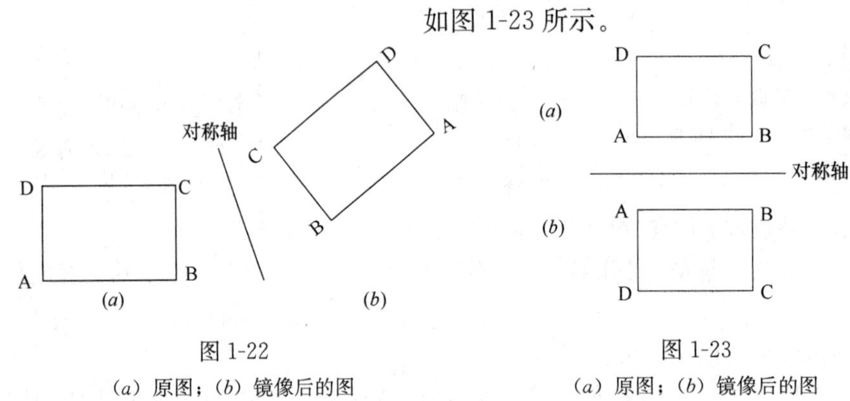

图 1-22
(a) 原图；(b) 镜像后的图

图 1-23
(a) 原图；(b) 镜像后的图

任务 1.3　洗涤池平面图的绘制

一、任务布置与分析

使用矩形命令绘制洗涤池平面图的外框 1000×660，再分解矩形，按图 1-24 的尺寸偏移成图 1-25，然后绘制圆，再绘制圆弧，最后进行修剪。

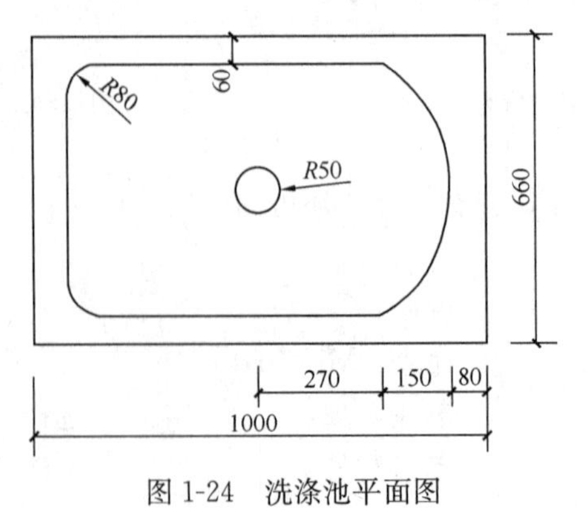

图 1-24　洗涤池平面图

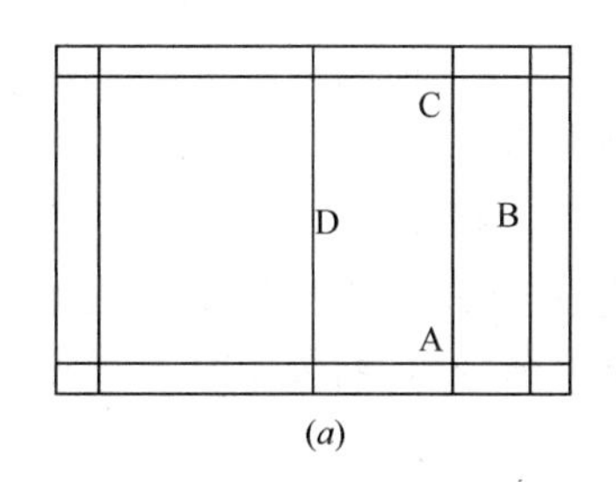

(*a*)

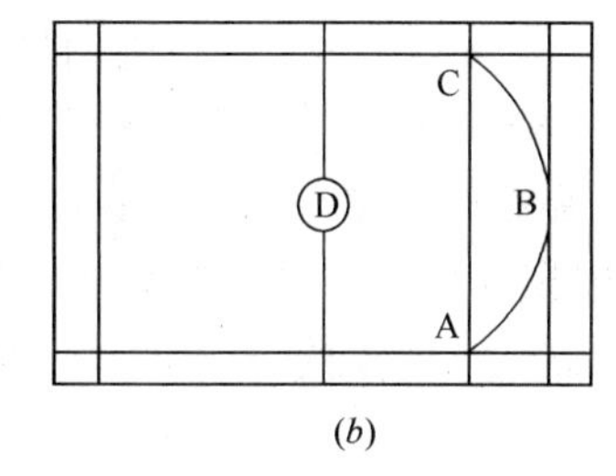

(*b*)

图 1-25　洗涤池作图轨迹

二、任务目标

通过洗涤池平面图的绘制，掌握 AutoCAD 的分解、偏移、圆、圆角、修剪等命令的使用方法与技巧。

三、绘图方法及步骤

1. 用 Rec 命令绘制 1000×660 的矩形。

◆ Rec→在绘图区任意单击一点（确定矩形的左下角点）→@1000，660（确定矩形的右上角点）。

2. 用 X 命令分解矩形。

◆ X→单击矩形→回车。

3. 用 O 命令偏移。

◆ O→60（输入偏移的距离 60 后回车）→单击矩形上边线→在上边线下方单击→单击矩形最下边线→在下边线上方单击→回车。

用偏移命令完成其他对象的偏移，完成后的效果如图 1-25(*a*) 所示。

4. 用 C 命令绘制半径为 50 的圆。

◆ C→在圆所在直线的中点单击→输入半径 50。

5. 用 A 命令中的三点方法绘制右边的圆弧。

◆ A→单击 A 点→单击 B 点→单击 C 点，如图 1-25(*b*) 所示。

6. 用 E 命令删除 3 条垂直辅助线。

◆ E→选择要删除的线（在图 1-25 中从左往右第 3、4、5 条）→回车，结果如图 1-26 所示。

7. 用 F 命令进行圆角的绘制（在图 1-26 上操作）。

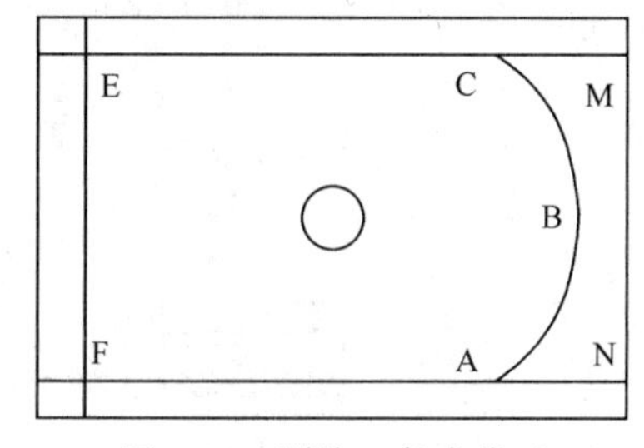

图 1-26　删除 3 条直线后

◆ F→R→80→M（多次进行圆角操作）→选择第一条线 EM→选择第二条线 EF→选择第一条线 EF→选择第二条线 FN→回车。

8. 用 Tr 命令修剪多余的线（在图 1-26 上操作）。

◆ Tr→回车（将所有对象作为剪切边）→在 CM 直线上靠近 M 端处单击→在 AN 直线上靠近 N 端处单击→回车（结束命令），结果如图 1-24 所示。

四、拓展任务

游泳池平面图的绘制，如图 1-27 所示。

操作提示：

1. 将极轴增量角设置为 20。

◆ 将鼠标放在任务栏的“极轴”上→单击鼠标右键→选择“设置”（弹出草图设置选项卡，如图 1-29 所示）→将增量角设为“20”→单击“确定”按钮。

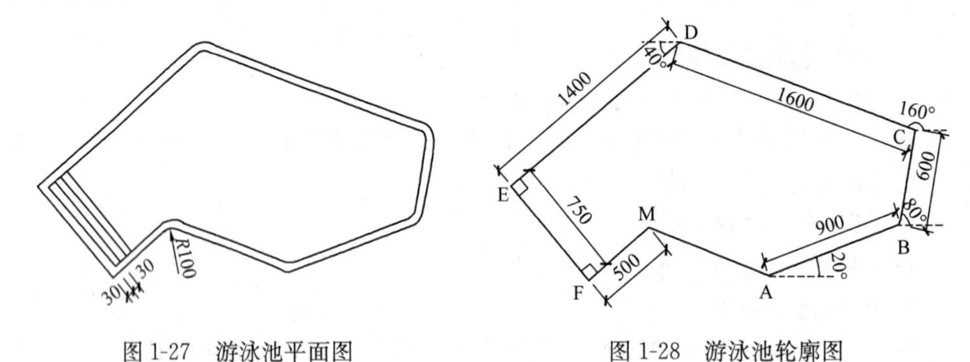

图 1-27 游泳池平面图　　图 1-28 游泳池轮廓图

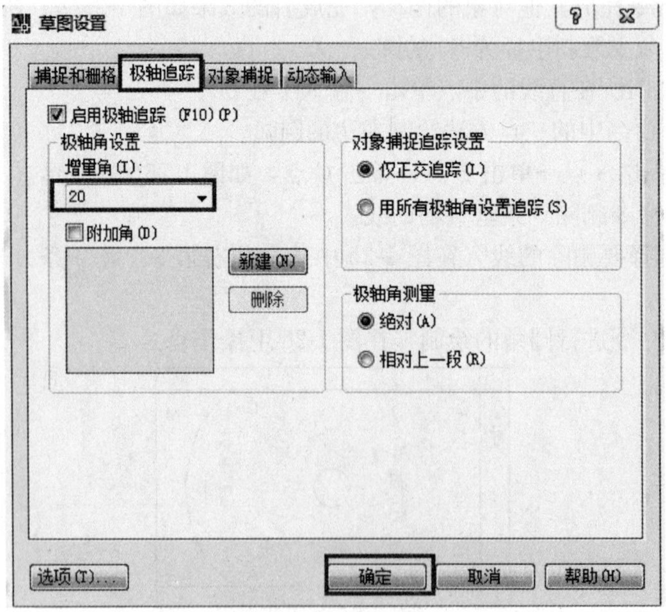

图 1-29 草图设置下的“极轴追踪”选项卡

2. 用 PL 命令绘制游泳池的轮廓，如图 1-28 所示。

◆ PL→在绘图区任意单击一点（即 A 点）→鼠标向 B 点方向移动，追踪到 20°后输入距离 900→鼠标向 C 点方向移动，追踪到 80°后输入距离 600→鼠标向 D 点方向移动，追踪到 160°后输入距离 1600→鼠标向 E 点方向移动，追踪到 220°后输入距离 1400。

注意：命令不要退出，重新进行极轴增量角的设置。

◆ 将鼠标放在任务栏的“极轴”上→单击鼠标右键→单击设置（弹出草图设置对话框，如图 1-30 所示）→增量角设为 90→选择“相对上一段”→左键单击“确定”。

图 1-30　草图设置下的“极轴追踪”选项卡

◆（继续操作）鼠标向 F 点方向移动，在出现垂直追踪线后输入距离 750→鼠标向 M 点方向移动，在出现垂直追踪线后输入距离 500→在 A 点单击。

3. 用 F 命令作圆角，圆角半径设置为 100。

◆ F→R→100→M（多次进行圆角操作）→选择第一条线 AM→选择第二条线 AB→继续操作，直至所有的圆角设置完成。

4. 用 O 命令将游泳池外轮廓向内偏移 30。

5. 用直线绘制台阶，最终效果如图 1-27 所示。

五、支撑任务的知识与技能

1. AutoCAD 绘图命令

圆命令（图 1-31）

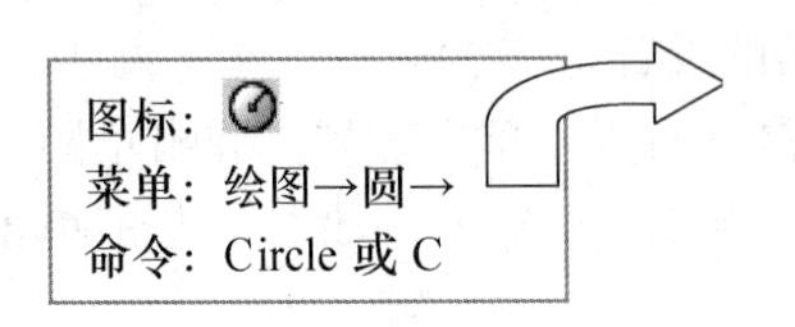

圆心、半径(R)
圆心、直径(D)
两点(2)
三点(3)
相切、相切、半径(T)
相切、相切、相切(A)

图 1-31　圆的 6 种操作方法

说明：使用 Circle 命令绘制圆时，默认的画圆方法是指定圆心和半径，此外，还可通过图 1-31 提供的方法绘制圆。

2. AutoCAD 编辑命令

（1）分解命令

图标：
菜单：修改→分解
命令：Explode或X

说明：将一个整体对象分解成多个单个对象。如可以将块、多段线、矩形、多边形等图分解，外部参照是不能分解的。

（2）偏移命令

图标：
菜单：修改→偏移
命令：Offset或O

说明：该命令可以将对象按指定的距离进行偏移，创建一个与原对象类似的新对象，操作对象包括用直线、多段线、圆弧、圆、椭圆等命令绘制的图形对象。当偏移一个圆时，可创建同心圆，当偏移一条闭合的多段线时，也可建立一个与原对象形状相同的闭合图形。

使用 Offset 命令时，可以通过两种方式创建新的对象，一种是输入平行线间的距离，另一种是指定平行线通过的点，如图 1-32～图 1-35 所示。

第一种方式：偏移到直线的上方或下方，如图 1-32 所示。

第二种方式：偏移到直线的左边或右边，如图 1-33 所示。

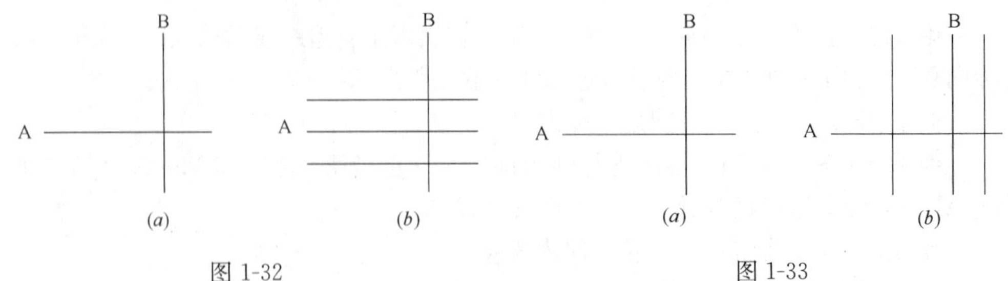

图 1-32
（a）原图；（b）操作后的图

图 1-33
（a）原图；（b）操作后的图

第三种方式：圆或矩形整体偏移，往里偏，如图 1-34 所示。

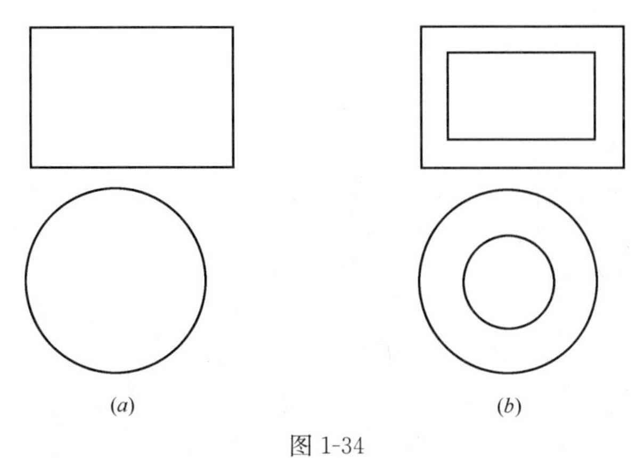

图 1-34

（a）原图；（b）操作后的图

第四种方式：圆或矩形整体偏移，往外偏，如图 1-35 所示。

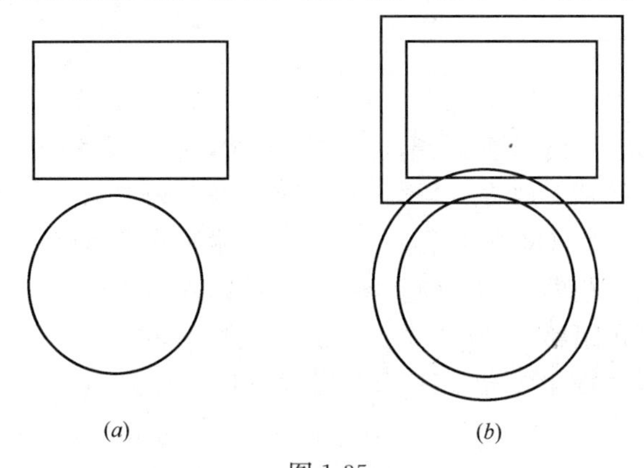

图 1-35

（a）原图；（b）操作后的图

（3）圆角命令

图标：
菜单：修改→圆角
命令：Fillet 或 F

说明：将两条相交的线按照设置的半径做圆角处理。

小技巧：将圆角命令 F 中的半径 R 设为 0，可以将两条线编辑成直角，如图 1-36 所示。

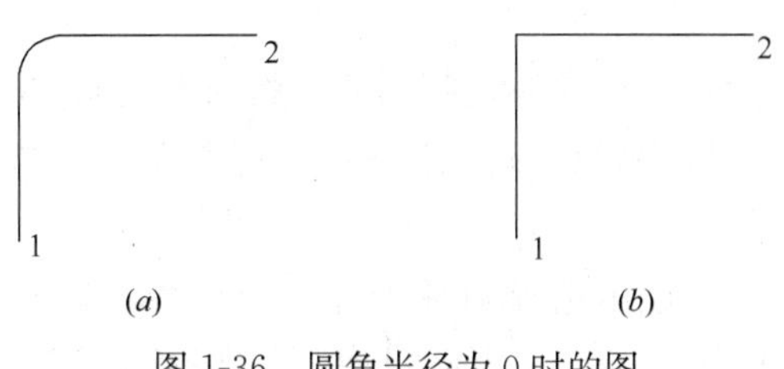

图 1-36　圆角半径为 0 时的图

（a）原图；（b）变成直角的图

(4) 倒角命令

图标：
菜单：修改→倒角
命令：Chamfer或Cha

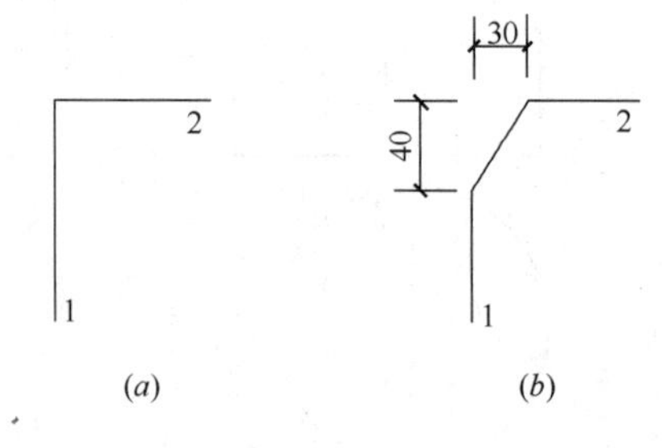

(a)　(b)

图 1-37　倒角
(a) 原图；(b) 倒角图

说明：将两条相交的线按照设置的距离做倒角处理。

例：将两条相交的直线倒角后，倒角距离第一个设为 40，第二个设为 30，结果如图 1-37 所示。

操作方法如下：

命令：Chamfer

(“修剪”模式) 当前倒角距离 1 = 40.0000，距离 2 = 30.0000

选择第一条直线或 [放弃 (U) /多段线 (P) /距离 (D) /角度 (A) /修剪 (T) /方式 (E) /多个 (M)]：　//输入 d 设距离

指定第一个倒角距离 <40.0000>：40　//输入 40

指定第二个倒角距离 <30.0000>：30　//输入 30

选择第一条直线或 [放弃 (U) /多段线 (P) /距离 (D) /角度 (A) /修剪 (T) /方式 (E) /多个 (M)]：　//在图 1-37 (a) 图上单击 1 线

选择第二条直线，或按住 Shift 键选择要应用角点的直线：

//在图 1-37 (a) 图上单击 2 线

//结果如图 1-37 (b) 所示

(5) 修剪命令

图标：
菜单：修改→修剪
命令：Trim 或 Tr

说明：按照指定的一个或多个对象边界裁剪对象，去除多余部分。在使用修剪命令时，需要两次选择对象，第 1 次选择的对象是剪切的目标边，第二次选择的对象才是真正需要修剪的对象，而且修剪的对象必须是相交的对象，否则不能用此命令。此命令在执行时有多种方式：

第一种方式：

◆ Tr→回车（提示选择对象时直接回车，将所有的边都当成剪切边）→直接在要修剪的位置单击，则会将目标对象修剪掉，结果如图 1-38 所示。

第二种方式：

◆ Tr→单击 3E 线（提示选择对象时单击 3E 线，则将 3E 线当成剪切边）→在 3E 线的左边水平线上单击，则会将目标对象修剪掉，结果如图 1-39 所示。

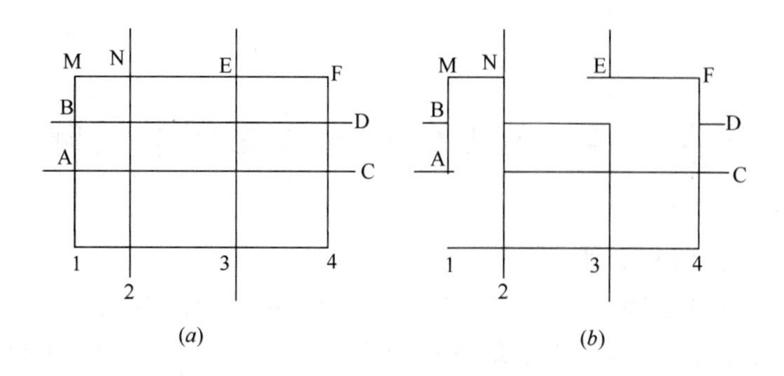

图 1-38　所有的对象都当成剪切边

（*a*）原图；（*b*）修剪后的图

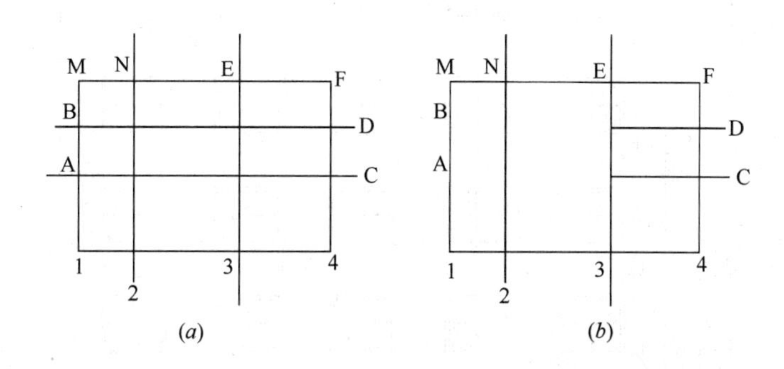

图 1-39　选择一条线当成剪切边

（*a*）原图；（*b*）修剪后的图

第三种方式：

◆ Tr→单击 3E 线与 2N 线（提示选择对象时单击这 2 条线，则将这 2 条线作为剪切边）→在 2 条剪切线中间的水平线上单击，则会将目标对象修剪掉，结果如图 1-40 所示。

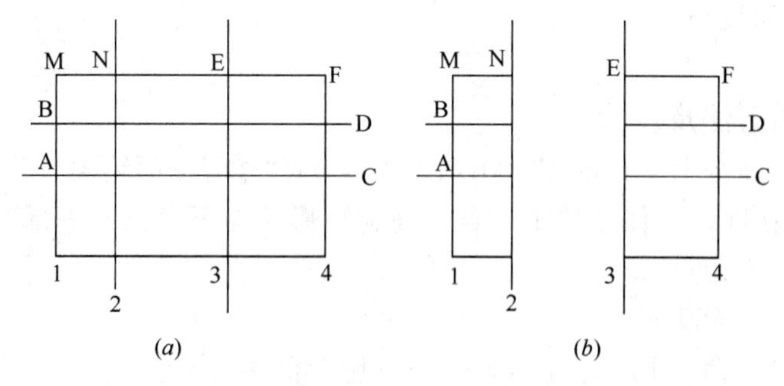

图 1-40　选择两条线当成剪切边

（*a*）原图；（*b*）修剪后的图

任务 1.4　某办公楼背立面图的绘制

一、任务布置与分析

用矩形命令绘制 17000×12000 某办公楼背立面轮廓，用 PL 命令绘制屋面楼梯间轮廓，用矩形命令绘制左下角的窗，阵列完成所有的窗，如图 1-41 所示。

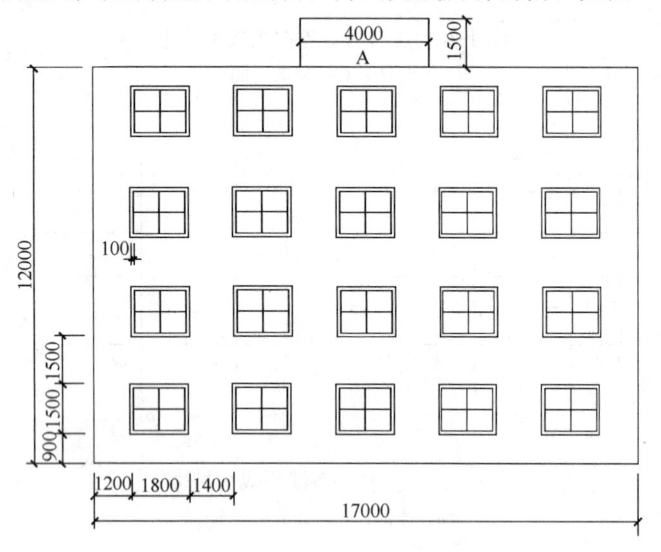

图 1-41　某办公楼背立面图

二、任务目标

通过某办公楼背立面图的绘制，掌握 AutoCAD 的捕捉自、多段线、阵列命令的使用方法与技巧。

三、绘图方法及步骤

1. 用矩形命令 Rec 绘制 17000×12000 某办公楼背立面轮廓。

◆ Rec→在屏幕上任意单击一点（确定矩形的左下角点）→@17000，12000（确定矩形的右上角点）。

◆ Z→A（全部缩放）。

2. 用多段线命令 PL 绘制 4000×1500 屋面楼梯间轮廓。

◆ PL→捕捉矩形上边线的中点 A→鼠标水平向左追踪→输入 2000→鼠标垂直向上→输入 1500→鼠标水平向右→输入 4000→鼠标垂直向下→输入 1500→回车退出。

3. 用 Rec 命令绘制左下角的窗。

◆ Rec→Shift＋右键（调出临时捕捉命令）→单击“自”→单击矩形的左下角点（基点）→@1200，900（从基点处偏移的尺寸，从而确定窗的左下角点）→@1800，1500（确定窗的右上角点）。

◆ O→100（将窗框向内偏移 100）→单击矩形窗框→在窗框里面单击。

再用 L 命令绘制十字线，直线的起点为里面矩形的中点位置，参照图 1-41 绘制。

4. 用阵列命令 Ar 绘制所有的窗。

◆ Ar→弹出如图 1-42 所示的“阵列”对话框→4（输入行数）→5（输入列数）→3000（行偏移的数据）→3200（列偏移的数据）→单击“选择对象”按钮→选择窗对象→回车→单击“确定”。

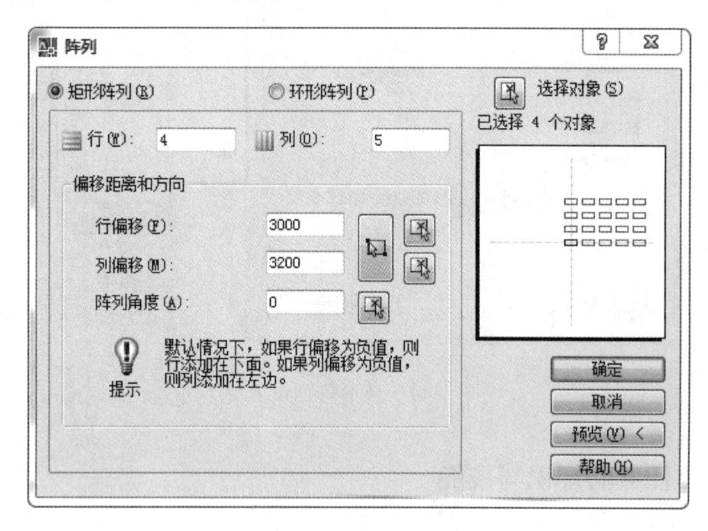

图 1-42　阵列对话框

四、拓展任务

花圃平面图的绘制，如图 1-43 所示。

操作提示：

1. 绘制边长为 5000 的正八边形。

◆ POL→8（正多边形的边数）→E（按边的方式绘制）→在屏幕上单击（指定第一个端点，确定左端点的位置）→鼠标水平向右→输入 5000（指定第二个端点）。

2. 将正八边形往内偏移 500。

◆ O→500（偏移的距离）→单击多边形→在多边形内单击。

3. 绘制半径为 2000 的大圆，圆心在正八边形对角线的交点处。

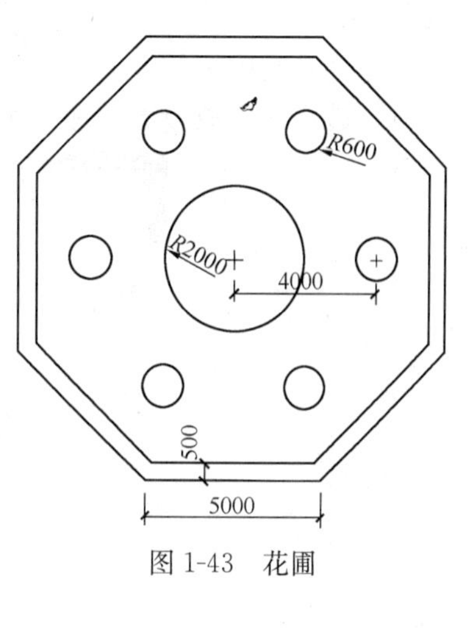

图 1-43　花圃

4. 绘制半径为 600 的小圆，小圆圆心距离大圆圆心 4000。

5. 用环形阵列，绘制其他 6 个小圆，设置如图 1-44 所示。

◆ Ar→选择“环形阵列”→单击“拾取中心点”按钮 →在大圆圆心位置单击→方法为“项目总数和填充角度”（默认情况下为这种方法）→在项目总数后输入 6→在填充角度后输入 360→单击“选择对象”按钮 →单击小圆→回车→单击“确定”按钮。

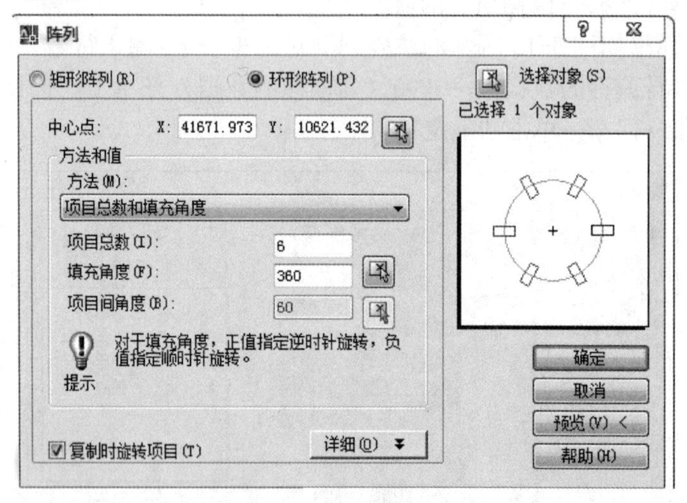

图 1-44 环形阵列设置

五、支撑任务的知识与技能

1. AutoCAD 绘图命令

多段线命令

图标：
菜单：绘图→多段线
命令：Pline 或 PL

说明：多段线是由一段或几段线段和圆弧构成的连续线条，它是一个整体对象，使用 Explode 命令分解后，多段线的每一段都将成为独立的对象，如图 1-45 所示。

此命令具有以下特点：

(1) 该命令可以设置线段及圆弧的宽度。

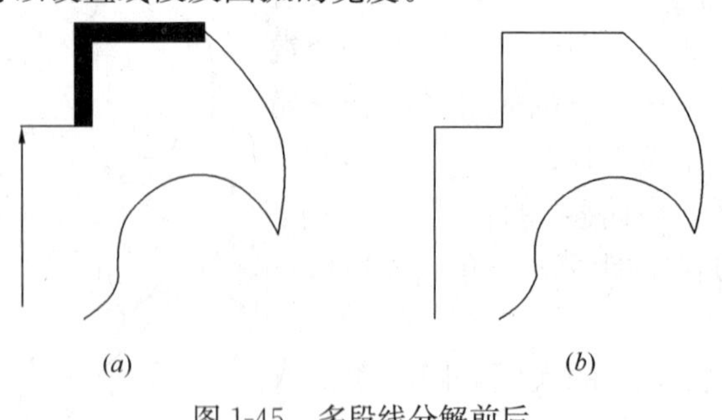

图 1-45 多段线分解前后

(a) 原图；(b) 分解后的图

（2）能利用有宽度的多段线绘制实心圆、圆环或有箭头的粗线等。

（3）若是用夹点选中该命令绘制的对象能在夹点处进行编辑，也能进行圆角、倒角编辑。

2. AutoCAD 编辑命令

（1）阵列命令

> 图标：
> 菜单：绘图→多段线
> 命令：Array 或 Ar

说明：在绘制规则图形时，使用 Array 命令可指定矩形阵列或环形阵列，此命令可以提高绘图效率。

1）矩形阵列方式

矩形阵列是指将对象按行和列方式进行规则的复制。操作时，要输入所需阵列的行数、列数、行间距及列间距等，如果要沿倾斜方向生成矩形阵列，还应输入阵列的倾斜角度值。阵列角度为 0 时如图 1-46 所示，参数设置如图 1-47 所示；角度为 45°时如图 1-48 所示，参数设置如图 1-49 所示。

第一种方式：阵列角度为 0 时（图 1-46）

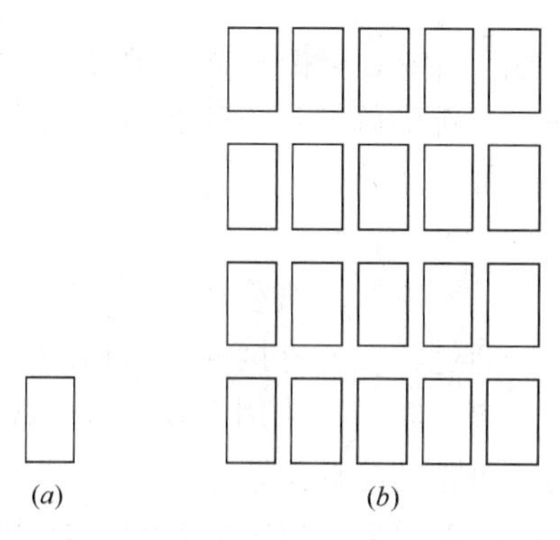

图 1-46　阵列角度为 0 时阵列前后效果
（a）原图；（b）阵列后的图

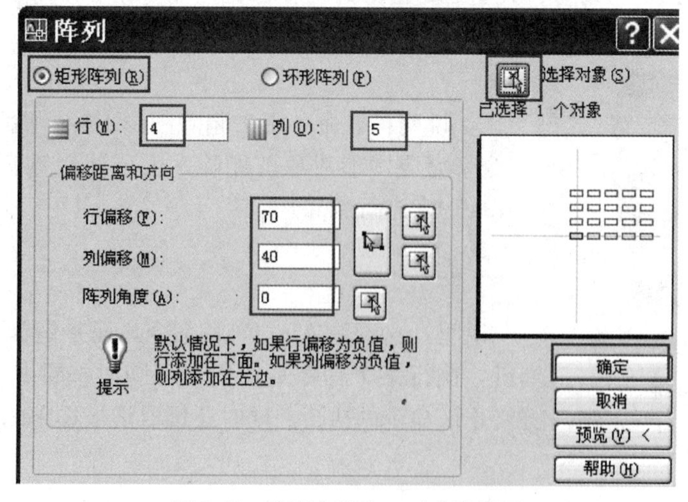

图 1-47　阵列角度为 0 时参数设置

第二种方式：阵列角度为45°时（图1-48）

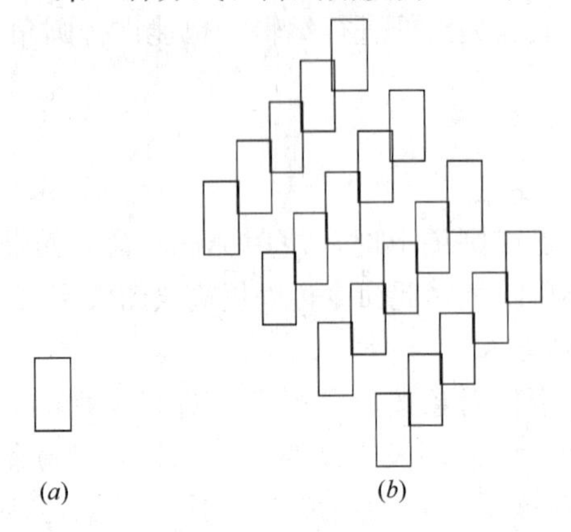

图1-48　阵列角度为45°时阵列前后效果
（a）原图；（b）阵列后的图

图1-49　阵列角度为45°时参数设置

2）环形阵列方式

环形阵列是指把对象绕阵列中心点按相同的角度进行均匀的复制对象，在进行阵列时要注意阵列中心、阵列总角度及阵列数目。也可通过输入阵列总数、每个对象间的夹角生成环形阵列。

（2）移动命令

图标：
菜单：修改→移动
命令：Move 或 M

说明：执行该命令后，选择要移动的图形对象，通过两点或直接输入移动的距离来确定对象移动的距离和方向。使用 Move 命令移动的图形，会改变图形对象的坐标位置。

小技巧：图形被选中后，出现夹点时，将鼠标放在图形上，按下鼠标左键不放，同样可以移动图形对象，并且改变图形的坐标位置。

区别：Move 移动后，改变的是图形的坐标位置。而实时平移（Pan）并没有改变图形的坐标位置，只是将视图进行了移动。

（3）删除命令

图标：
菜单：修改→删除
命令：Erase 或 E

说明：该命令用来删除图形对象。除了使用该命令来完成图形对象的删除，也可使用键盘上的“Delete”来进行删除。

（4）取消操作

键盘：Esc 键

说明：这不是 AutoCAD 命令，而是键盘上的一个取消键，执行某个命令后，用户可随时按键盘上的“Esc”键终止该命令的执行。同时还可取消被选中的蓝色夹点。

项目 2

建筑详图与梁平法施工图的绘制与编辑

【项目概述】

在建筑施工图中的平、立、剖面图的比例比较小，无法将施工图中的部分细部构造表达清楚，因此需使用详图、大样图、节点图用较大的比例将其形状、大小、材料和做法详细表达出来。在建筑施工图中常用的详图有：墙身、楼梯、阳台、门窗、厨卫、壁橱及装修详图（吊顶、墙裙）等。而结构图主要表示建筑物结构的类型、布置，构件种类及数量，内部构造和外部形状大小以及构件间的连接等。

【项目目标】

1. 通过墙身大样图的绘制，掌握图层、线型、颜色等特性的设置，初步接触标注及标注样式的设置；

2. 通过楼梯平面图的绘制，掌握多线设置及多线命令、多段线命令的使用方法与技巧；

3. 通过二层板配筋图的绘制，掌握文字样式的设置、文字的使用方法与技巧。

任务 2.1　墙身大样图的绘制

一、任务布置与分析

建立 3 个图层，分别是轴线、墙身、填充。将各个部分分别绘制到相应的图层，便于图形对象的编辑，最后使用填充命令进行砖材料的填充，如图 2-1 所示。

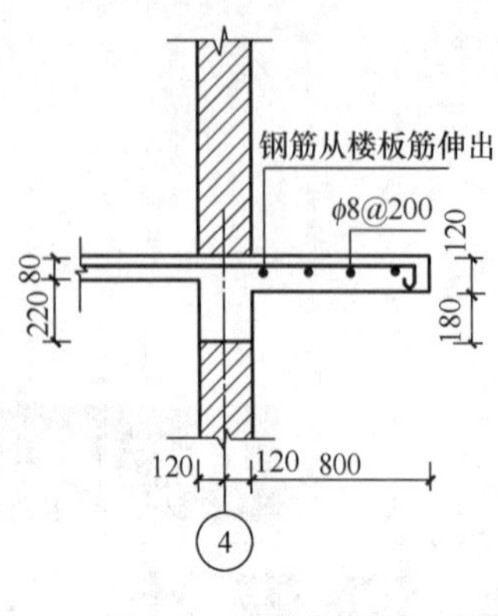

图 2-1　墙身大样图

二、任务目标

通过墙身大样图的绘制，掌握图层、线型、颜色等特性的设置，初步了解标注及标注样式的设置。

三、绘图方法及步骤

1. 建立 3 个图层：轴线（红色、点画线）、墙身（白色）、填充（黄色）。

◆ La→弹出“图层特性管理器”→按“回车”键（新建一个图层）→轴线（输入图层名称为轴线）→同样的方法设置其他图层→单击“确定”按钮。

◆ 单击“轴线”图层→单击“置为当前”按钮 ✓（将轴线图层置为当前图层），效果如图 2-2 所示。

当前图层：轴线

状	名称	开	冻结	锁定	颜色	线型	线宽	打印样式	打	说明
	0				白	Contin...	—— 默认	Color_7		
✓	轴线				红	CENTER	—— 默认	Color_1		
	墙身				白	Contin...	—— 默认	Color_7		
	填充				黄	Contin...	—— 默认	Color_2		

图 2-2　建立的图层

2. 用多段线命令 PL 绘制墙身。

◆ PL→在屏幕上任意单击一点（确定起点 A）→W（设置宽度）→输入 20（指定起点宽度为 20）→输入 20（指定端点宽度为 20）→鼠标垂直向下，在 B 点处单击（AB 距离不确定）→鼠标水平向右，输入 800（BC 长度为 800）→鼠标垂直向下，输入 120（CD 长度为 120）→鼠标水平向左，输入 800（DE 长度为 800）→鼠标垂直向下，输入 180（EF 长度为 180）→鼠标水平向左，输入 240（FG 长度为 240）→鼠标垂直向上，输入 220（GH 长度为 220）→鼠标水平向左，在 M 处单击（HM 长度不确定）→回车，完成后的效果如图 2-3（*a*）所示。

◆ 回车（重复 PL 命令）→捕捉到 A 点，出现追踪线后水平向左移（从 A 点处向左追踪）→输入 240（确定 P1 点）→鼠标垂直向下，从 B 点水平向左追踪，

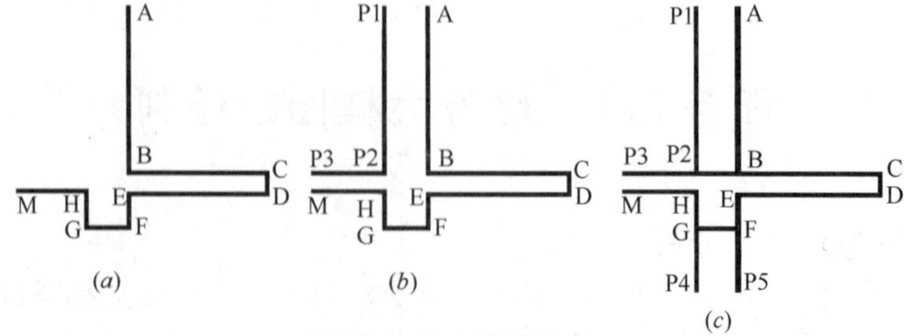

图 2-3　绘制墙身过程

在交点处单击（确定 P2 点）→鼠标水平向左，从 M 点垂直向上追踪，在交点处单击（确定 P3 点）→回车，完成后的效果如图 2-3（*b*）所示。

◆ 回车（重复 PL 命令）→在 P2 点单击→在 B 点单击→回车，完成后的效果如图 2-3（*c*）所示。

◆ 回车（重复 PL 命令）→在 G 点单击→在 P4 点单击→回车，完成后的效果如图 2-3（*c*）所示。

◆ 回车（重复 PL 命令）→在 F 点单击→在 P5 点单击→回车，完成后的效果如图 2-3（*c*）所示。

3. 绘制钢筋。

◆ 回车（重复 PL 命令）→在 P3 下方单击→在 C 点左下方单击→鼠标垂直向下→在 D 点左上方单击→A（转为绘制圆弧）→鼠标水平向左平移，单击→回车，完成后的效果如图 2-1 所示。

4. 绘制圆，半径为 20，并填充，每隔 200 复制一个圆（注：Φ8@200 是直径为 8mm 的 HPB300 钢筋，每隔 200mm 设置一根）。

5. 绘制 3 处折断线，使用 PL 命令，在使用时将 PL 的线宽改为 0。

6. 进行砖墙的填充，选择“JIS_LC_20”图案，比例设为 2，完成后的效果如图 2-1 所示。

7. 在标注图层中进行标注，标注样式进行如下的设置：

直线选项：超出尺寸线与起点偏移量都设为 2。

符号和箭头选项：箭头改为建筑标记。

调整选项：全局比例设为 20。

四、拓展任务

檐口大样图的绘制（图 2-4）。

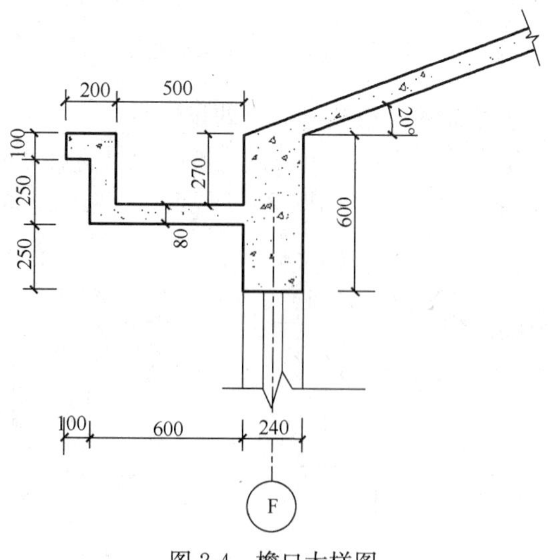

图 2-4　檐口大样图

五、支撑任务的知识与技能

1. 图线规范要求

参见《房屋建筑制图统一标准》GB/T 50001—2010。

2. 图层管理

图标：
菜单：格式→图层
命令：Layer或La

说明：其作用是管理图层和图层特性。

AutoCAD的图层是透明的电子图纸，把各种类型的图形对象绘制在这些透明的电子图纸上，只要在电子图纸上的对象不重叠，将这些图纸叠放在一起就能显示出来。

默认的当前图层是0层，如果没有切换图层，所绘制的图形对象都在0层上。绘图时，图形对象处于某个图层上，在这个图层上的对象都有该图层的特性，比如颜色、线型及线宽等，可以对这些特性进行设置或修改。在某一个图层上绘图时，默认情况下，图层上的特性都是随层（Bylayer），即在该图层上绘制的图形对象的颜色、线型、线宽等特性与当前层的设置是完全相同的。将不同的对象绘制在不同的图层，便于图形对象的编辑与识别。

3. 设置颜色、线型及线宽

通过图层可以进行颜色、线型、线宽的设置，还可以通过“特性”工具栏方便地设置对象的颜色、线型及线宽等信息。默认情况下，该工具栏上的“颜色控制”、“线型控制”和“线宽控制”这3个下拉列表中将显示“ByLaye”，如图2-5所示。“ByLayer”的意思是所绘对象的颜色、线型、线宽等属性与当前层所设定的完全相同，即随层。

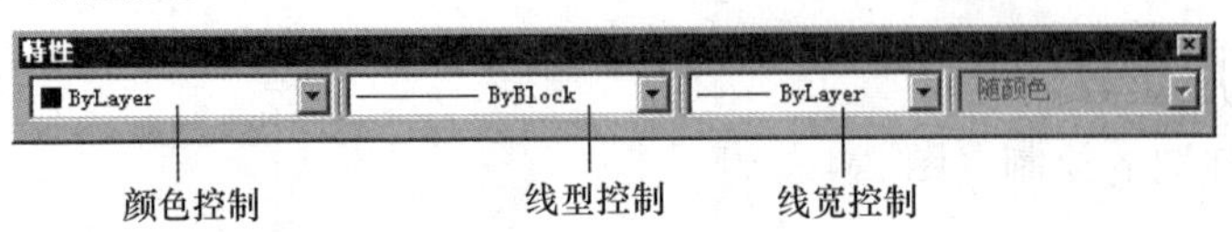

图2-5　颜色、线型与线宽层

标注轴线（初步接触标注，只进行简单的设置）：

尺寸标注是一个组合体，它以块的形式存在，尺寸标注由尺寸线、尺寸界线、标注文字及尺寸起止符号等组成，如图2-6所示，这些组成部分的样式都可以通

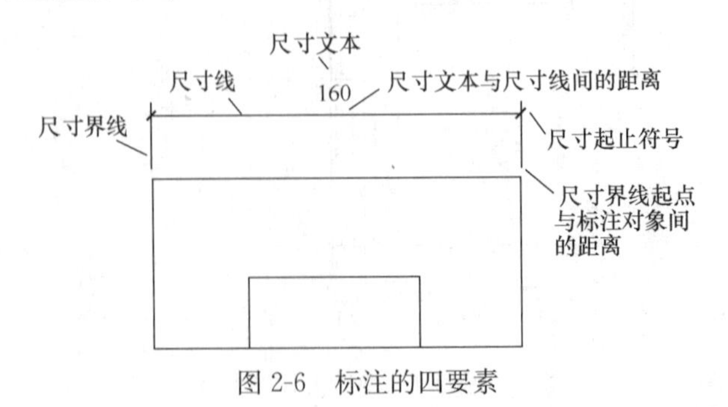

图2-6　标注的四要素

过尺寸样式来进行设置。尺寸样式是尺寸变量的组合，这些变量决定了尺寸标注中各部分的外观，只要调整标注样式中的某些尺寸变量，就能灵活地改变标注的外观。

任务 2.2 楼梯平面图的绘制

一、任务布置与分析

先绘制定位轴线，使用多线命令绘制墙体，绘制墙体时将门洞留出，再绘制休息平台处的第一个踏步，然后绘制梯井，再用阵列命令绘制出所有的踏步，最后用多段线绘制出方向线，如图 2-7 所示。

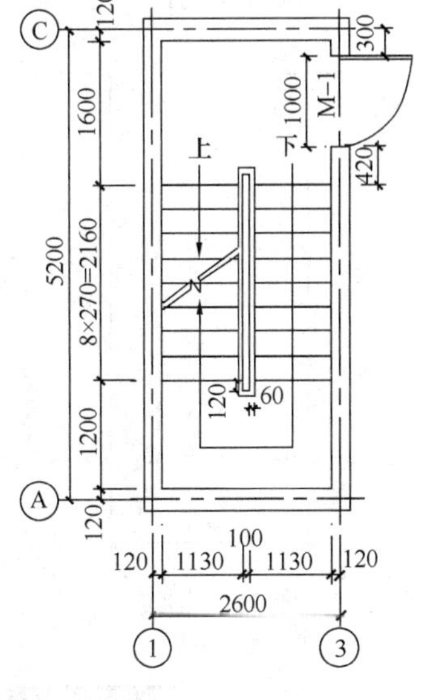

图 2-7 楼梯平面图

二、任务目标

通过楼梯平面图的绘制，掌握多线设置及多线、多段线命令的使用方法与技巧。

三、绘图方法及步骤

1. 建立 4 个图层：轴线（红色、点画线）、墙线（0.35 线宽）、楼梯（洋红）、标注（绿色）。

2. 在轴线图层上绘制轴线，如图 2-8 所示。

（1）使用 L 命令绘制 BC 轴线，尺寸约 3500（若图形太大，可使用“Z→A”进行视图缩放）。

（2）再交叉绘制 BA 轴线，尺寸约 6500。

（3）将 BA 向右偏移 2600，绘出 CD 轴线。

（4）将 BC 轴线向上偏移 5200，绘出 AD 轴线。

3. 在墙图层中绘墙，如图 2-9 所示。

（1）进行多线样式的设置

◆“格式”菜单→多线样式（弹出如图 2-11 所示对话框）→修改（弹出如图 2-12 所示对话框）→勾选“封口”项下直线的“起点”、“端点”→单击“确定”→单击“确定”。

（2）使用多线命令绘制墙（在图 2-8 中操作，完成后的效果如图 2-9 所示）

◆ ML→J（对正）→Z（无）→S（比例）→240（墙宽为 240）→将鼠标放在图 2-8 的 D 点，鼠标垂直向下移→出现追踪线后输入 1300（确定图 2-9 中的 M 点）→在 C 点单击→在 B 点单击→在 A 点单击→在 D 点单击→鼠标向下→输入 300。

4. 绘制踏步，使用直线命令。

(1) 绘制第一个踏步 PF 线，如图 2-9 所示。

◆ L→将鼠标放在 E 点上，垂直向上追踪→输入 1200（确定 P 点）→捕捉到垂足 F 点后单击。

(2) 用矩形命令绘制 100×2400 的梯井。

◆ Rec→按住 Shift 的同时单击鼠标右键，选“自”→单击 PF 直线的中点（基点）→@50，－120（从中点偏移，从而确定梯井的右下角点）→@－100，2400（梯井的左上角点）。

(3) 将梯井往外偏移 60 作为扶手，如图 2-10 所示。

(4) 用 Tr 命令修剪扶手，参照图 2-7 进行修剪。

(5) 利用阵列命令绘制楼梯的踏步。

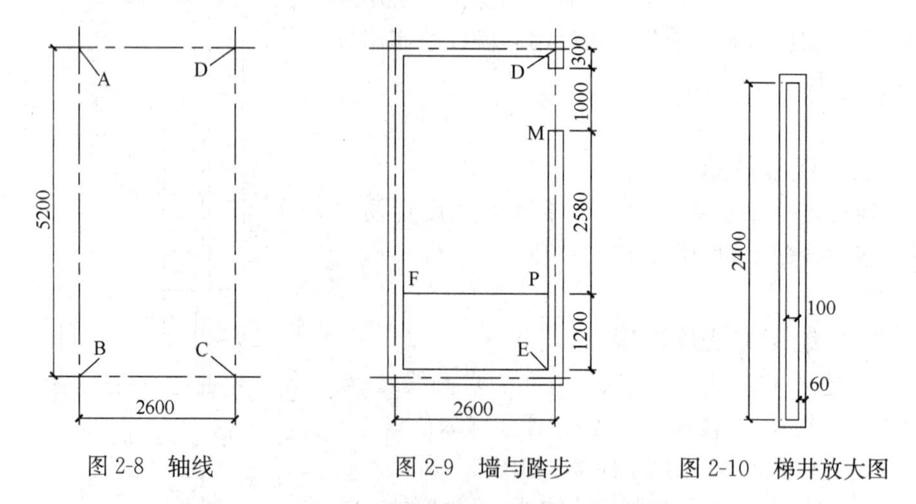

图 2-8　轴线　　图 2-9　墙与踏步　　图 2-10　梯井放大图

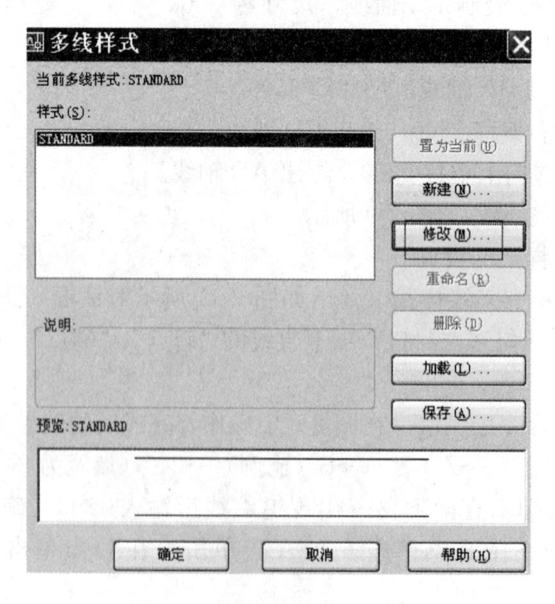

图 2-11　“多线样式”对话框

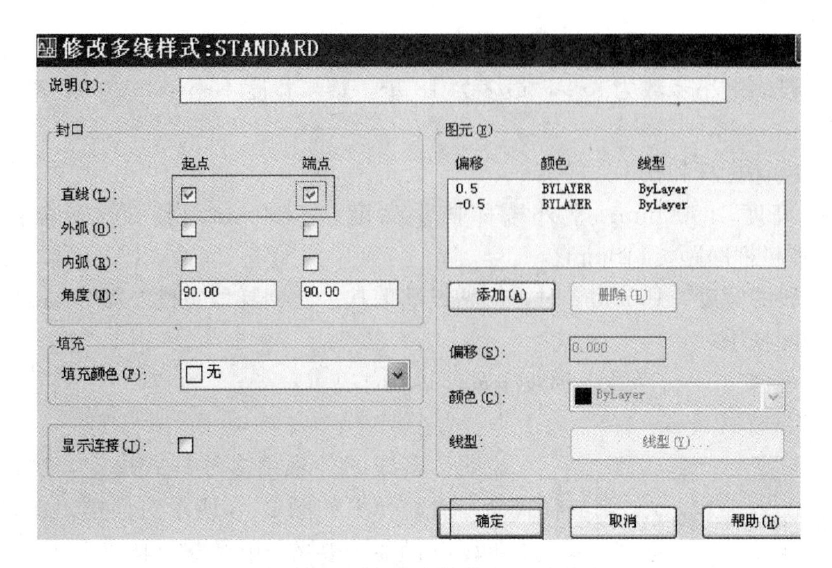

图 2-12 “修改多线样式”对话框

◆ Ar→9（输入行数）→1（输入列数）→270（行偏移）→0（列偏移）→单击选择对象按钮→单击 PF 直线→回车→单击“确定”。

（6）利用多段线命令 PL 画楼梯的方向线（箭头的起点宽度为 80，端点宽度为 0，长度为 300）。

（7）利用多段线命令绘制剖断线。

四、拓展任务

标注楼梯平面图的尺寸。

五、支撑任务的知识与技能

楼梯间设计应符合现行国家标准《建筑设计防火规范》GBJ 16 和《高层民用建筑设计防火规范》GB 50045 的有关规定。

1. 楼梯的知识

（1）楼梯的组成：楼梯由梯梯段、平台、栏杆扶手组成。

（2）楼梯各部分的尺度

1）踏步：踏面为踏步的水平面；踢面为踏步的垂直面。

2）梯井

公共建筑梯井的宽度≥150mm；住宅建筑梯井的宽度≥110mm 时应有安全措施；公共建筑梯井的宽度≥200mm 时应有安全措施。

（3）楼梯段宽度取决于通行人数和消防要求。

每股人流：人的平均肩宽（550mm）再加行走幅度（0～150mm）即 550+（0～150）mm

消防要求：每个楼梯段必须保证 2 人同时上下，即最小宽度为 1100～

1400mm，室外疏散楼梯的最小宽度为 900mm。

楼梯段的最小步数为 3 步，最多为 18 步，踏步宽度不小于 0.26m，高度不大于 0.175m 。

（4）楼梯栏杆和扶手

扶手高度≥900mm；室外楼梯扶手高度≥1100mm；水平的安全护栏≥1050mm；栏杆净距≤110mm。

楼梯段的宽度>1650mm 时，应增设靠墙扶手。楼梯段宽度>2200mm 时，还应增设中间扶手。

（5）平台 ：平台净宽≥梯段净宽≥1.2m。

2. 多线样式设置

> 图标：无
> 菜单：格式→多线样式
> 命令：Mlstyle

说明：多线的外观由多线样式决定，执行多线样式命令后，弹出如图 2-13 所示对话框，在多线样式中可以设置多线中线条的数量（图 2-14），每条线的颜色和线型以及线间的距离等，还能指定多线两个端点的封口样式，如弧形端口及直线端口等。

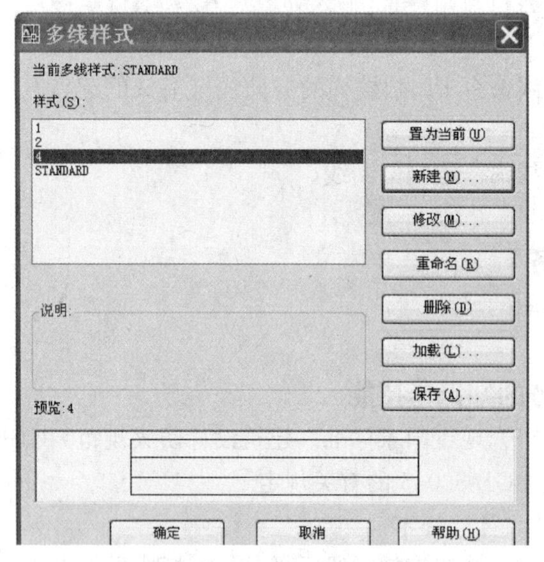

图 2-13 “多线样式”对话框

多线样式对话框中各按钮的功能说明如下：

“置为当前”：将设置好的多线样式设为当前样式，在使用多线命令时，使用的是当前样式。

图元(E)

偏移	颜色	线型
0.5	BYLAYER	ByLayer
-0.5	BYLAYER	ByLayer

添加(A)　删除(D)

图 2-14 样式 2 的 2 条线

“新建”：新建一种新的样式，要快速进行图形的绘制，最好新建自己习惯用的多线，比如绘制墙线，设置双线，如图 2-14 所示，绘制窗设置 4 线，如图 2-15 所示，还可设置 1 条线的多线样式，如图 2-16 所示。

例如：新建 2 条线的多线样式：样式名为 2，在新建多线样式 2 中的图元参数设置如图 2-14 所示。新建 4 条线的多线样式：样式名为 4，在新建多线样式 4 中的图元参数设置如图 2-15 所示。新建 1 条线的多线样式：样式名为 1，在新建多线样式 1 中的图元参数设置如图 2-16 所示。

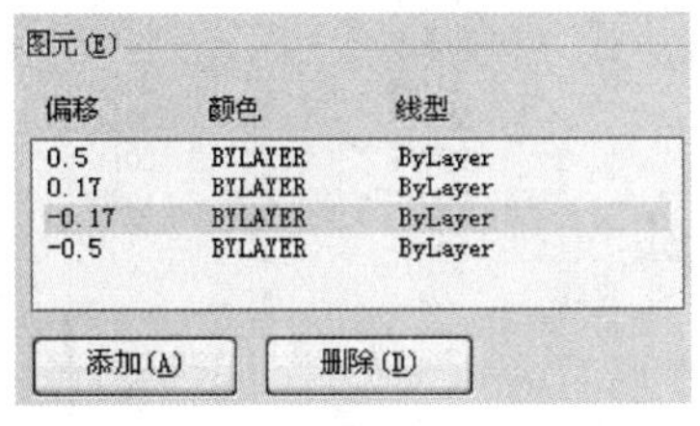

图 2-15　样式 4 的 4 条线

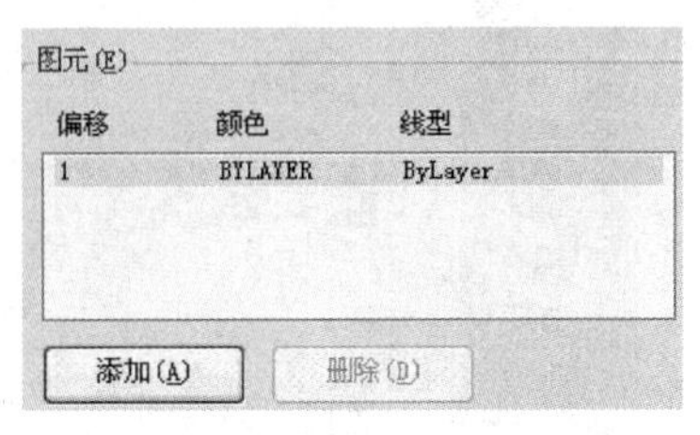

图 2-16　样式 1 的 1 条线

“修改”：在图 2-13 中选中所要修改的样式名，比如选中样式 2，单击“修改”按钮，进到“修改多线样式：2”对话框中，如图 2-17 所示，按要求修改样式的参数。

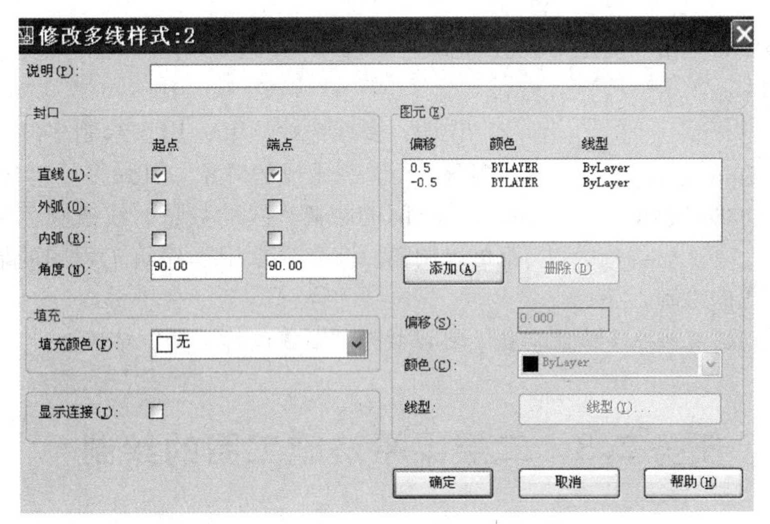

图 2-17　“修改多线样式：2”对话框

注意：已经使用过的多线样式是不能进行修改的，若要进行该样式的修改，可以采取两种方式：一是将用该多线绘制好的图形对象全部删除，再进行修改；二是重建一个样式。

“重命名”：将已经建好的样式名进行重命名，在图 2-13 中选中所要重命名的样式名，比如选中样式 1，单击重命名按钮，再输入新的样式名，如“ss1”。

“删除”：将样式名删除，在图 2-13 中选中所要删除的样式名，比如选中样式 4，单击删除按钮，则将样式 4 删除。

“保存”：设置完成后，单击保存按钮，弹出保存多线样式对话框，如图 2-18 所示，设置好保存的位置，输入要保存的文件名，比如文件名设为“my. mln”，然后单击保存按钮。保存好后返回到如图 2-13 所示界面。

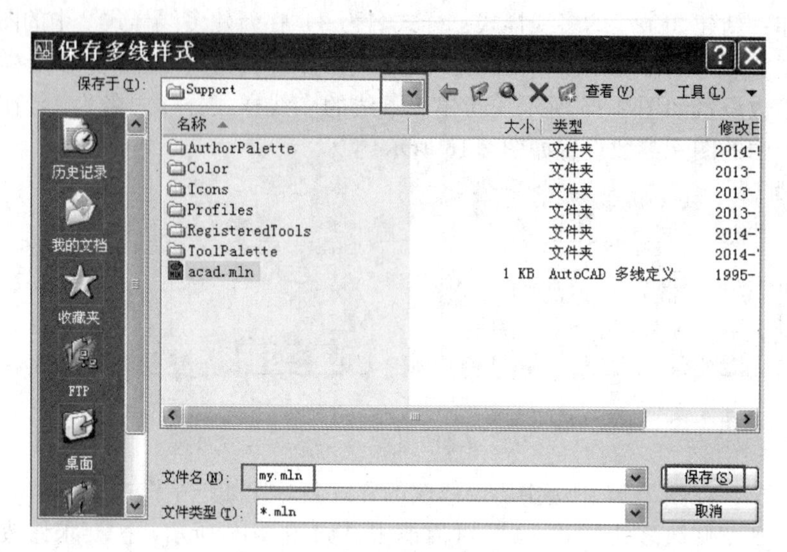

图 2-18　保存对话框

“确定”：单击“确定”，设置完成。

3. 多线

图标：无
菜单：绘图→多线
命令：Mline 或 ML

说明：多线命令 Mline 用于绘制多线。多线是由多条平行直线组成的对象，其最多可包含 16 条平行线。线间的距离、线的数量、线条颜色及线型等都可以调整。该命令常用于建筑工程图的墙体、公路或管道等的绘制。

小技巧：直接在多线上双击，可以打开“多线编辑工具”对话框。

任务 2.3　二层梁平法施工图的绘制 *

一、任务布置与分析

先绘制轴线，依次绘制墙、梁、柱，再进行文字的注写，如图 2-19 所示。

二、任务目标

通过二层梁平法施工图的绘制，掌握文字样式的设置、单行文字与多行文字的使用方法与技巧。

三、绘图方法及步骤

1. 建立图层：轴线（红色点画线）、可见梁（白色）、不可见梁（白色虚线）、柱（白色）、标注（绿色）、文字（白色）。

2. 在轴线图层上绘制轴线，如图 2-20 所示。

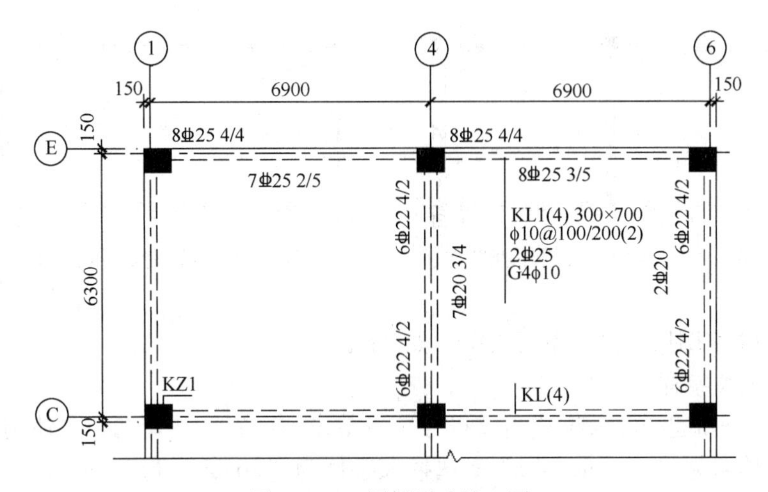

图 2-19 二层梁平法施工图

3. 在不可见梁图层上绘制虚线梁，在图 2-20 上使用 ML 绘制。

◆“格式”菜单→多线样式→新建→2（样式名）→勾选“封口”项下直线的“起点”、“端点”→单击“确定”→单击“2”多线样式→ 单击“置为当前”按钮→ 单击“确定”按钮。

◆ ML→J（对正）→Z（无）→S（比例）→300（梁宽为 300）→在 A 点单击→在 B 点单击→在 D 点单击→在 E 点单击→回车。

◆ 回车（重复 ML 命令）→在 C 点单击→在 F 点单击→回车，如图 2-21 所示。

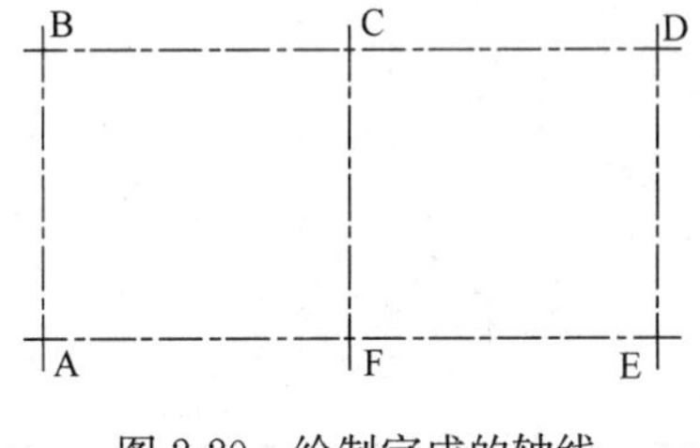

图 2-20 绘制完成的轴线

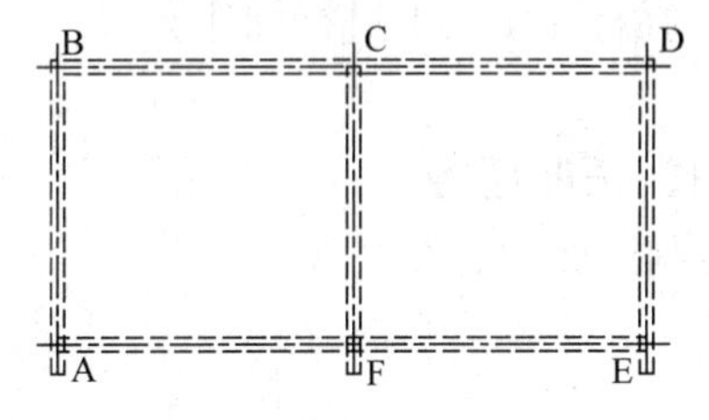

图 2-21 绘制完成的梁

4. 在可见梁图层上绘制实线梁，在图 2-21 上进行操作。

(1) 切换到“可见梁”图层。

(2) 分解所有的梁，并将虚线转为实线。

◆ X→框选中所有的图形→回车。

◆ 选中 AB、BD、DE 三条多线的外梁线（出现蓝色夹点为选中，如图 2-22 所示）→单击“可见梁”图层→按“ESC”键取消夹点（将“不可见梁”图层中的图形切换到“可见梁”图层中，结果如图 2-23 所示）。

小技巧：书写钢筋符号需要字体“tssdeng. shx”与“hztxt. shx”字体，若是 AutoCAD 软件中无这两种字体，可从网上下载，然后将这两种字体粘贴到 AutoCAD 安装目录下的“Fonts”目录中即可。

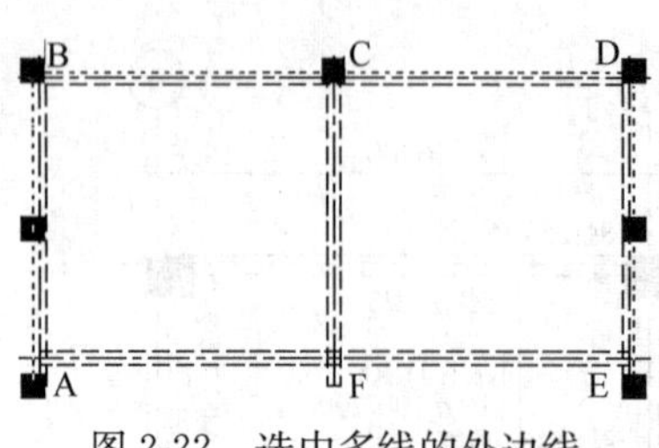

图 2-22　选中多线的外边线

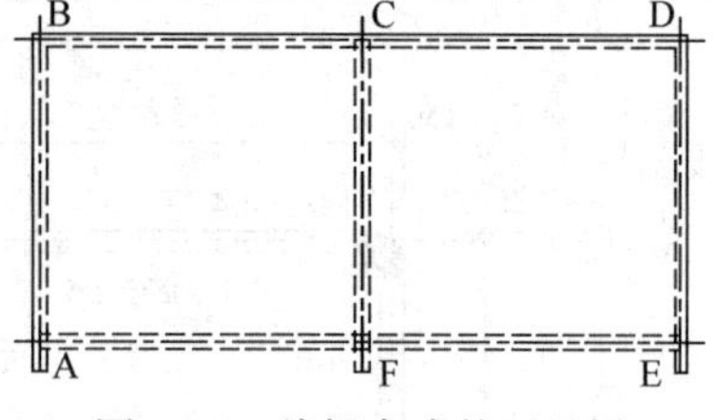

图 2-23　编辑完成的可见梁

5. 在文字图层上注写单行文字，如“KL（4）”。

先设置文字样式“符号”。

◆ ST→新建→输入样式名“符号”→单击“确定”→勾选上“使用大字体”→选择字体名为“tssdeng. shx”→选择大字体为“gbcbig. shx”→0.7（宽度因子设为 0.7）→单击“符号”字体→单击“应用”按钮→关闭对话框。

◆ DT→在注写 KL（4）的位置单击（指定文字的起点）→400（指定文字高度）→回车（指定文字旋转角度）→输入文字“KL（4）”→回车（此处回车不能用空格键代替）。

6. 在文字图层上注写多行文字，例如“KL1（4）”。

◆ MT→在注写“KL1（4）”的位置拉一个框→输入文字“KL1（4）300×700”→回车换行输入文字“Φ10@100/200（2）”→直到将该多行文字全部注写完成。

7. 在柱图层上绘制“650×600”的柱子。

8. 在标注图层上进行标注。

四、拓展任务

绘制图 2-24、图 2-25。

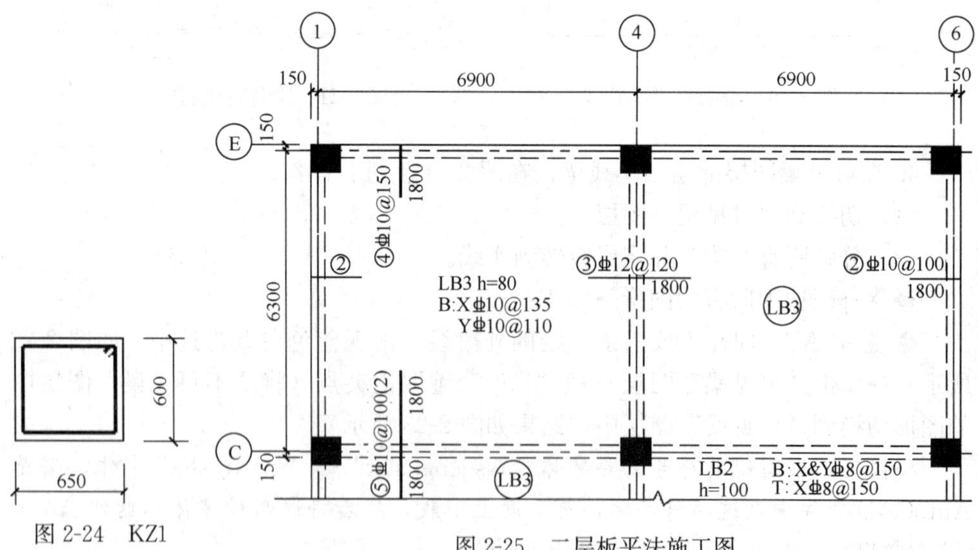

图 2-24　KZ1

图 2-25　二层板平法施工图

五、支撑任务的知识与技能

1. 二层梁与板平法施工图中的文字数据

参见《混凝土结构施工图平面整体表示方法制图规则和构造详图》（现浇混凝土框架、剪力墙、梁、板）11G101-1。

2. 文字样式设置

图标：
菜单：格式→文字样式
命令：Style 或 St

说明：执行命令后，弹出图 2-26 文字样式对话框，根据需要进行各项参数的设定，在该对话框中可以创建、修改文字样式，创建的文字样式随时可以改变字体、字符高度与宽度，还可设置文字的效果。文字样式名称可长达 255 个字符，包括字母、数字以及特殊字符。

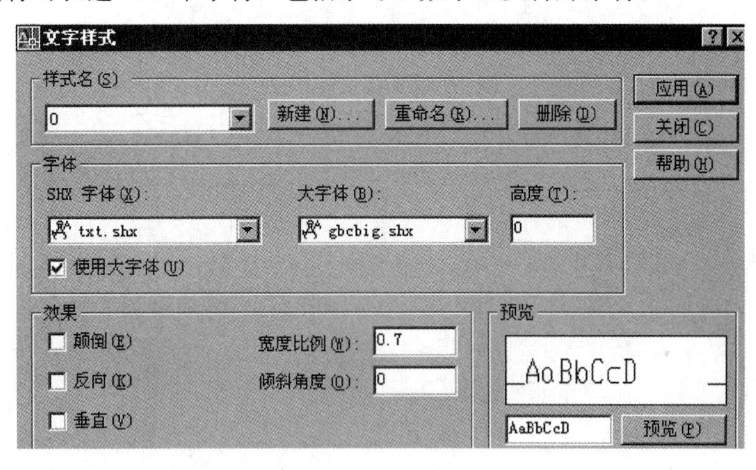

图 2-26 “文字样式”对话框

在 AutoCAD 绘图过程中，通过建立文字样式来进行字体管理，这样方便进行文字的编辑，只要样式一变，所有使用该样式绘制的文字对象都会发生改变。

具体设置文字样式的方法参见任务 4.3。

3. 单行文字

图标：
菜单：绘图→文字→单行文字
命令：Dtext 或 Text 或 Dt

说明：该命令用来创建单行文字对象。单行文字就是一行，所有文字都是一样的字体和高度等，这种文字编辑效率高。

4. 多行文字

图标：
菜单：绘图→文字→多行文字
命令：Mtext 或 T

说明：该命令用来创建复杂的多行文字说明，其中多行可以是任意数目行数，创建完成的文字为一个单独的对象。执行该命令后，可以自由的选择字体、字高、字符宽度，可设定文本分布的宽度、对齐效果，使用比较方便，在多行文字中还可以分别设定不同文字的属性（比如文本的字体、高度和倾斜角度等）。多行文字分解后成为单行文字。

5. 特殊字符

字符	对应键	字符	对应键	字符	对应键
°（度数）	%%d	Φ（直径）	%%c	Φ（HRB335 钢）	%%131
±（正负）	%%p	ф（HPB300 钢）	%%130	Φ（HRB400 钢）	%%132

项目 3

查询命令的应用

【项目概述】

在建筑上经常要进行距离、面积、坐标、角度的计算，使用 AutoCAD 中的查询功能可以方便快捷的做到。为满足学生参加工业和信息化部计算机辅助设计（CAD）认证考试的需要，本项目根据人力资源和社会保障部职业技能证书考试的题型设置了任务 3.1、任务 3.2，让学生可以在考前对所学的 AutoCAD 知识进行综合演练。AutoCAD 在建筑工程测量中的应用可以大大提高测量人员工作效率，减少失误率，由于一般测量计算公式复杂，不易记忆，AutoCAD 在工程测量上的应用，可以帮助人们大大减少手算坐标的工程量或帮助人们复核手算坐标的准确性，本项目的任务 3.3 包括该内容。

【项目目标】

通过该项目的练习，掌握 AutoCAD 查询命令的使用方法与技巧以及 AutoCAD 在测量中的应用。

任务 3.1　距离、坐标及弧长的查询

一、任务布置与分析

将长度和角度精度设置成小数点后四位，绘制图 3-1，请利用 AutoCAD 的查询命令完成以下任务：①求半径 R；②求 AC 的距离；③求 E 点的坐标；④求 DC 弧长。

分析：先绘制一个 400×200 的矩形，通过旋转命令中的复制功能将原矩形旋

转 60°，然后使用相切、相切、相切绘制圆，图形完成后，按照题目的要求解答，如图 3-1 所示。

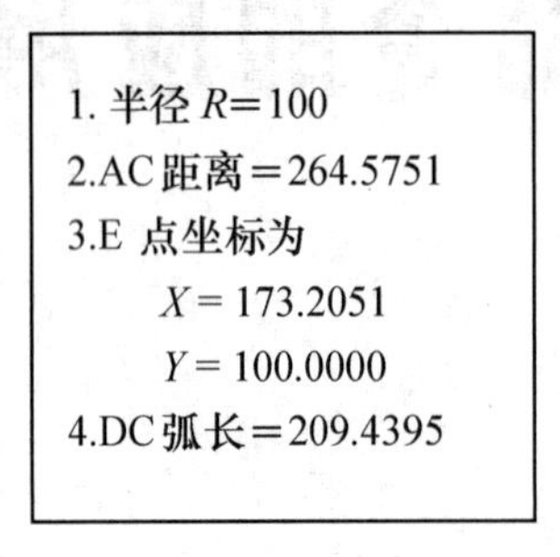

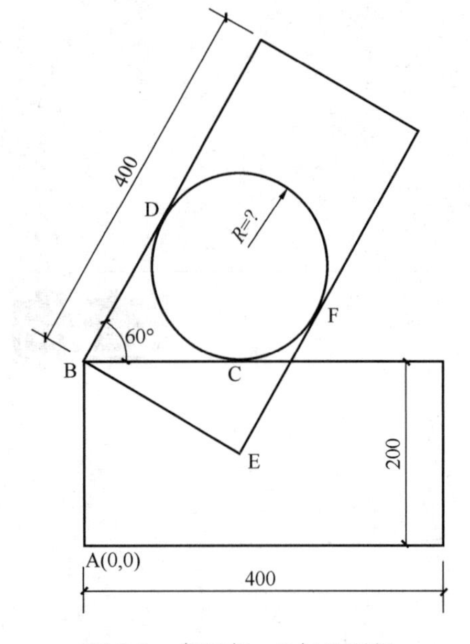

图 3-1　求距离、坐标及弧长

二、任务目标

通过图形的绘制，掌握旋转命令与距离、坐标、列表查询命令的使用方法与技巧。

三、绘图方法及步骤

1. 建立 3 个图层：图、填充（洋红）、标注（绿色）。

2. 用 Rec 绘制 400×200 的矩形，注意 A 点的坐标为（0，0）。

◆ Rec→输入“0，0”→@400，200。

3. 使用旋转命令 Ro 进行旋转，旋转时的基点在 B 点，使用复制（C）参数，最后输入旋转角度 60°。

◆ Ro→单击矩形→回车→单击 B 点（基点）→C（复制）→60（旋转角度值）→回车。

4. 绘制圆。

◆ 绘图菜单→圆→相切、相切、相切→在 BD、BC、EF 三条边上单击。

5. 用剪切命令 Tr 修剪 DC 圆弧，形状如图 3-2 所示。

◆ Tr→回车→在要修剪的对象上单击。

6. 查询半径 *R* 的距离，查询完成后将文字复制在图形下方。

◆ Di→单击圆心→单击 C 点

◆ 在命令栏中选中“距离=100”→按“CTRL”+“C”键→切换到绘图区→单击绘图工具栏上的多行文字“A”→在绘制完成的图形下方单击并拉出一个框

→将字高“2.5”改为“10”→按“CTRL”+“V”键。

7. 查询 AC 的距离，查询完成后将文字复制在图形下方。

◆ Di→单击 A 点→单击 C 点。

◆ 在命令栏选中“距离 = 264.5751”→按“CTRL”+“C”键→切换到绘图区→在原来的文字上双击→将光标放在文字的后面→按“回车”换行→按“CTRL”+“V”键，完成。

8. 查询 E 点的坐标值，查询完成后将文字复制在图形下方。

◆ Id→单击 E 点。

[说明：如果 A 点不在（0，0）点，每个同学所查询的 E 点坐标都不一致，要将 A 点使用移动命令 M 移到（0，0）点。方法如下：

◆ M→选中整个图形→回车→单击 A 点（A 点为移动的基点）→0，0（输入坐标原点）；

◆ Z→A（将图形全部显示出来）]

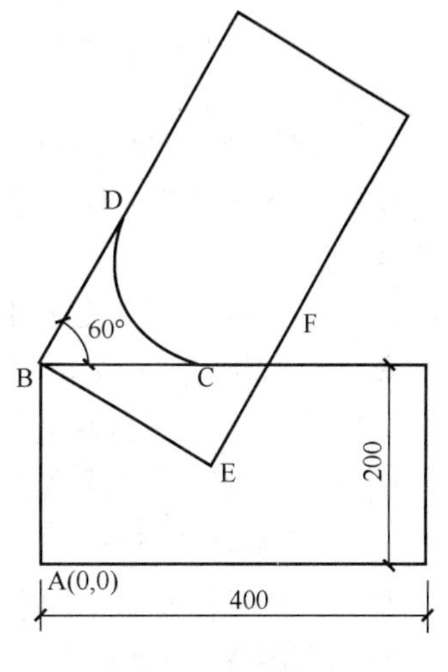

图 3-2 BC 圆弧

9. 用列表显示出 DC 的弧长。

◆ Li→单击 DC 弧，查询完成后将文字复制在图形下方。

四、拓展任务

查询距离、坐标。

将长度和角度精度设置成小数点后四位，绘制图 3-3，求：

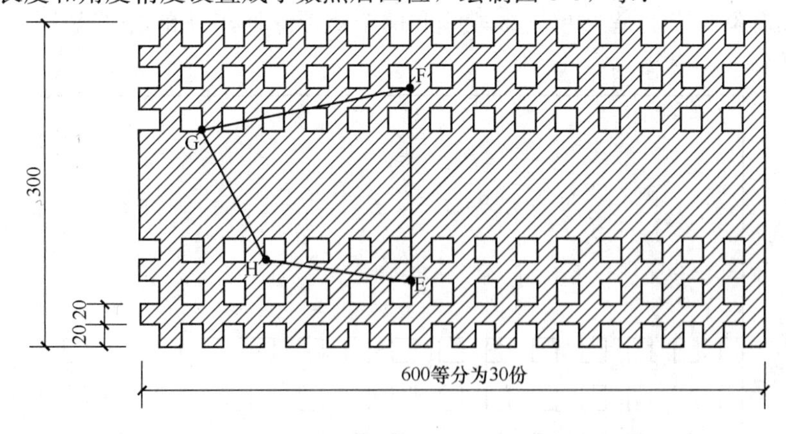

图 3-3 城墙

（1）EFGH 四点围成的周长；

（2）阴影部分的面积；

(3) F 点相对于 E 点的坐标值。

步骤：

1）绘制 600×300 的矩形。

◆ Rec→在屏幕上任意单击一点（矩形的左下角点）→@600，300（矩形的右上角点）。

2）用多段线命令 PL 绘制左下边线墙垛。

◆ PL→将鼠标放在矩形左下角点→鼠标垂直向上追踪→输入 20→鼠标水平右向右→输入 20→鼠标垂直向下→输入 20→鼠标水平向右→输入 20→鼠标垂直向上→输入 20→回车，效果如图 3-4 所示。

3）绘制城墙上的两个矩形。

◆ Rec→将鼠标放在图 3-4 的 A 点上→鼠标垂直向上追踪→输入 20→@20，20，效果如图 3-5 所示。

◆ Rec→将鼠标放在图 3-5 的 B 点上→鼠标垂直向上追踪→输入 20→@20，20，效果如图 3-6 所示。

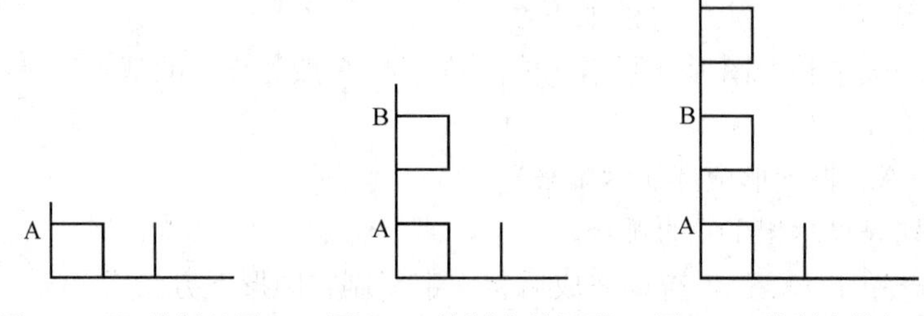

图 3-4　PL 绘制的图　　图 3-5　绘制出的矩形　　图 3-6　绘制出的矩形

4）用阵列命令 Ar 将所有的墙垛绘出。

◆ Ar→1（输入行数）→15（输入列数）→0（行偏移）→40（列偏移）→单击“选择对象”按钮→单击多段线和两个矩形→回车→单击“确定”，效果如图 3-7 所示。

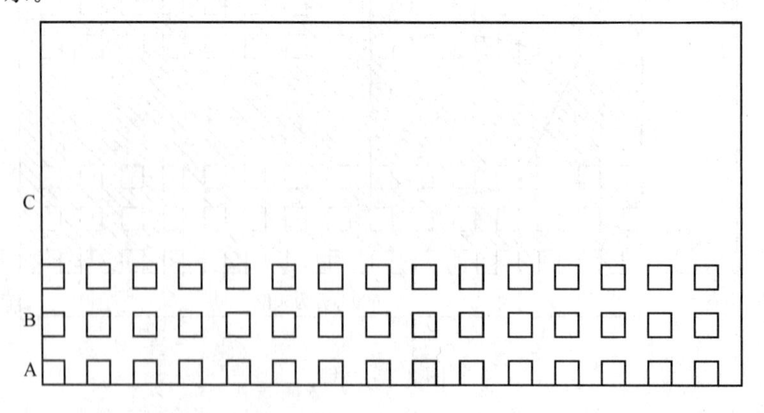

图 3-7　阵列后的图

5）将下方的图形镜像到上方，镜像的中点为矩形左边线的中点 C。

6）删除 600×300 的矩形。

7）将缺少的线条用直线补上，用修剪命令 Tr 将多余的线条修剪掉。

8）将图层切换到填充图层，用填充命令进行填充。

9）用 PL 线绘 ABCD 多边形。

10）求出阴影部分的面积。

◆ Aa→O→单击填充对象；

或◆ Aa→O→单击四边形 EFGH。

11）求出 F 点相对于 E 点的坐标值，先改变用户坐标系，将坐标原点移到 E 点。

◆ UCS→输入 3（重新确定坐标系）→在 E 点单击（确定新原点为 E 点）→鼠标水平向右单击（确定 X）→鼠标垂直向上单击（确定 Y）。

◆ Id→直接在 F 点单击，F 点的坐标为（0，180）。

12）修改标注数字 600。

◆ 在标注数字“600”上双击→在“文字替代”后面输入“600 等分为 30 等份”。

五、支撑任务的知识与技能

显示查询、标注工具栏的方法：

◆ 在任意一个工具栏上单击右键→勾选上“查询”→勾选上“标注”，查询工具栏如图 3-8 所示。

图 3-8　查询工具栏

1. 距离查询

图标：
菜单：工具→查询→距离
命令：Dist 或 Di

说明：执行该命令后，根据命令行上的提示，点选要查询的起点和终点，查询结果显示在命令栏。除了采用 Di 可以查询长度，也可以使用标注工具栏上的半径标注、线性标注、对齐标注或弧长标注查询长度。

2. 坐标查询

图标：
菜单：工具→查询→坐标
命令：Id

说明：该命令可查询视图中任意一点的坐标，在命令行中输入这个命令后，根据提示选择要查询的点，即可在命令行中显示出该点的坐标值。

3. 列表显示

图标：
菜单：工具→查询→列表显示
命令：List 或 Li

说明：该命令可对查询视图中指定对象的各种特性。执行该命令后，根据命令行中的提示，用鼠标依次点选要列表查询的对象，然后右击鼠标结束选择，会弹出“AutoCAD 文本窗口”对话框，框中列表显示了所选的多个对象的各种特性参数值。

4. 单位的设置

图标：无 菜单：格式→单位 命令：Units 或 Un

说明：该命令可对视图中的长度、角度的类型和精度进行设置，角度可设置成顺时针方向。可对插入比例、输出样例、光源和方向进行显示和控制。

任务 3.2 面积与周长的查询

一、任务布置与分析

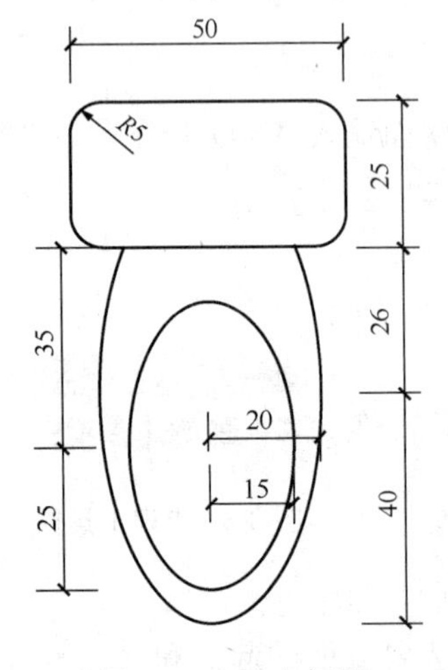

图 3-9 坐式大便器

绘制如图 3-9 所示的图形并计算图形的整体面积。首先用矩形命令 Rec 绘制坐式大便器 50×25 的水箱，在绘制矩形时将圆角 F 参数设为 5，再用椭圆命令绘制两个椭圆。左边标注的是小椭圆的尺寸，右边标注的是大椭圆的尺寸，如图 3-9 所示。

二、任务目标

通过图 3-9 坐式大便器的绘制，掌握椭圆、面积查询命令的使用方法与技巧。

三、绘图方法及步骤

1. 建立三个图层：图、填充（洋红）、标注（绿色）。

2. 用 Rec 绘制 50×25 的矩形。

3. 绘制大椭圆，使用中心点方法绘制，中心点距离矩形下边线的中点距离是 26。

◆ EL→C（输入中心点参数）→鼠标放在矩形下边线的中点上→鼠标垂直向下追踪→输入 26（确定大椭圆的圆心）→鼠标垂直向下→输入 40（确定椭圆的轴端点）→鼠标水平向右→输入 20（指定椭圆另一条半轴长度）。

4. 绘制小椭圆，使用中心点方法绘制，中心点距离矩形下边线的中点 35。

◆ EL→C（输入中心点参数）→鼠标放在矩形下边线的中点上→鼠标垂直向下追踪→输入 35（确定小椭圆的圆心）→鼠标垂直向下→输入 25（确定椭圆的轴端点）→鼠标水平向右→输入 15（指定椭圆另一条半轴长度）。

5. 将图层切换到填充图层，用填充命令 H 将整个图形填充。

6. 求阴影部分的面积（面积＝3446.4102 ）。

◆ Aa→O→单击填充对象。

7. 将结果用复制粘贴的方法标在图形下方。

四、拓展任务

1. 不连续面积的查询

将长度和角度精度设置为小数点后 4 位，绘制以下图形，求阴影部分的周长。

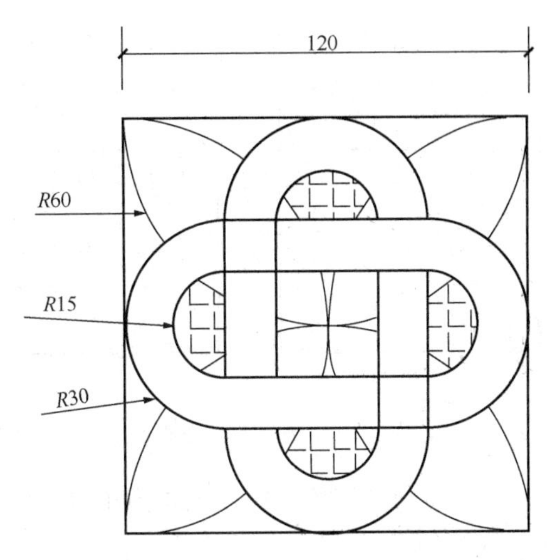

图 3-10 不连续面积的查询

绘图方法及步骤：

(1) 用正多边形命令绘制正四边形。

◆ 输入 Pol→4（边数）→E→鼠标左键单击（第一点）→120。

(2) 绘制正方形内左下角叶片。

可先绘制 2 个圆，再进行修剪，如图 3-11（*a*）所示。

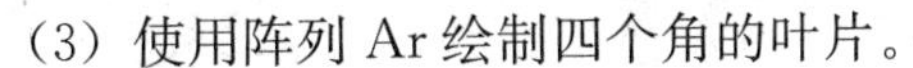

(3) 使用阵列 Ar 绘制四个角的叶片。

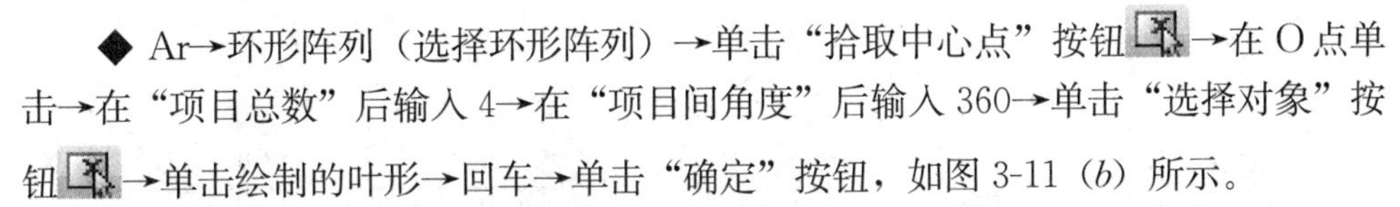

◆ Ar→环形阵列（选择环形阵列）→单击“拾取中心点”按钮→在 O 点单击→在“项目总数”后输入 4→在“项目间角度”后输入 360→单击“选择对象”按钮→单击绘制的叶形→回车→单击“确定”按钮，如图 3-11（*b*）所示。

(4) 用 Rec 绘制 120×60 的矩形，使用 F 参数设置圆角，F 值为 30。

◆ 输入 Rec→F（进行圆角的设置）→30（圆角的半径）→将鼠标放在正方形左边线的中点上（A 点）→鼠标向下追踪→输入 30（矩形的左下角点）→@120，60（矩形的右上角点），如图 3-11（*c*）所示。

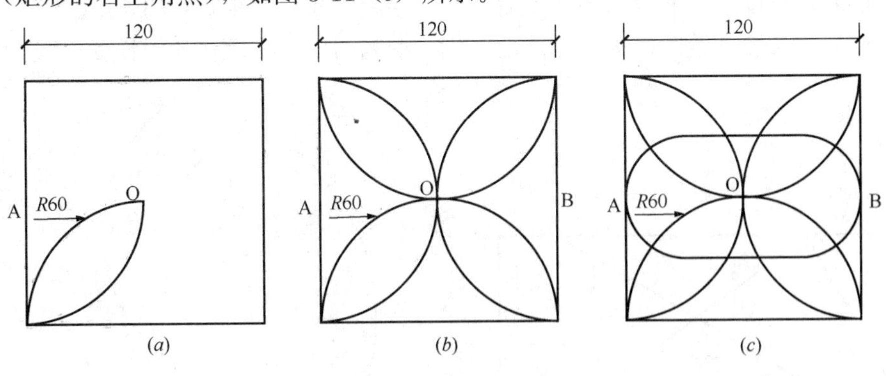

图 3-11 绘图过程

(5) 将完成的矩形往内偏移 15，如图 3-12（*a*）所示。

(6) 用旋转命令 Ro 将两个矩形旋转，旋转时的基点是正方形的中点 O 点。

◆ Ro→选择两个矩形→回车→单击 O 点（基点）→C（复制）→输入 90（旋转角度），如图 3-11（*b*）所示。

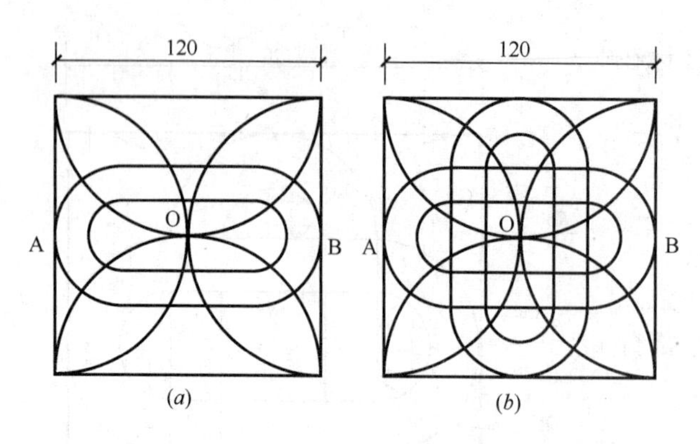

图 3-12 绘图过程

（7）参照图 3-10 进行修剪。

（8）参照图 3-10 进行一次性填充，用 Aa 查询周长。

（9）将结果用复制的方法标在图形旁边。

2. 绘合考证图形练习

（1）将长度和精度设为小数点后 3 位，绘制图 3-13，求 AB 的长度。

（2）将长度和角度精度设置为小数点后 3 位，绘制图 3-14，求 B 点坐标及 AC 的长度。

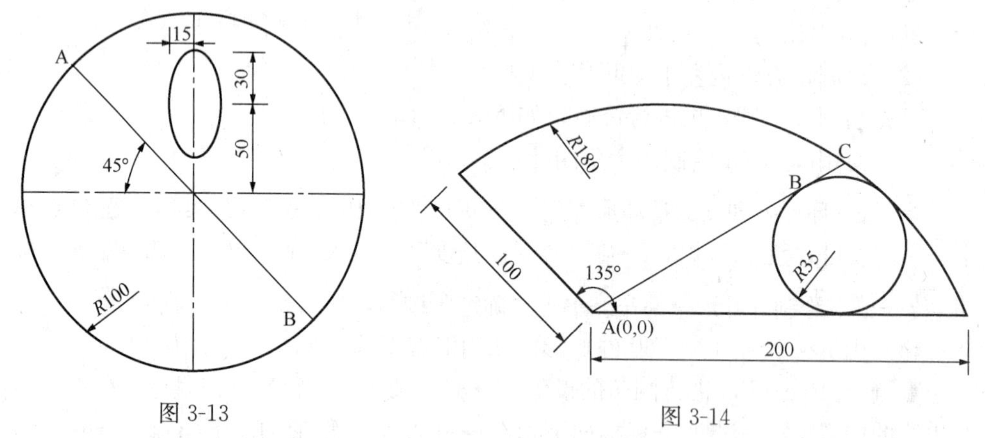

图 3-13

图 3-14

（3）将长度和精度设为小数点后 3 位，绘制图 3-15，求 AB 的长度。

（4）将长度和精度设为小数点后 3 位，绘制图 3-16，求 AB 的长度。

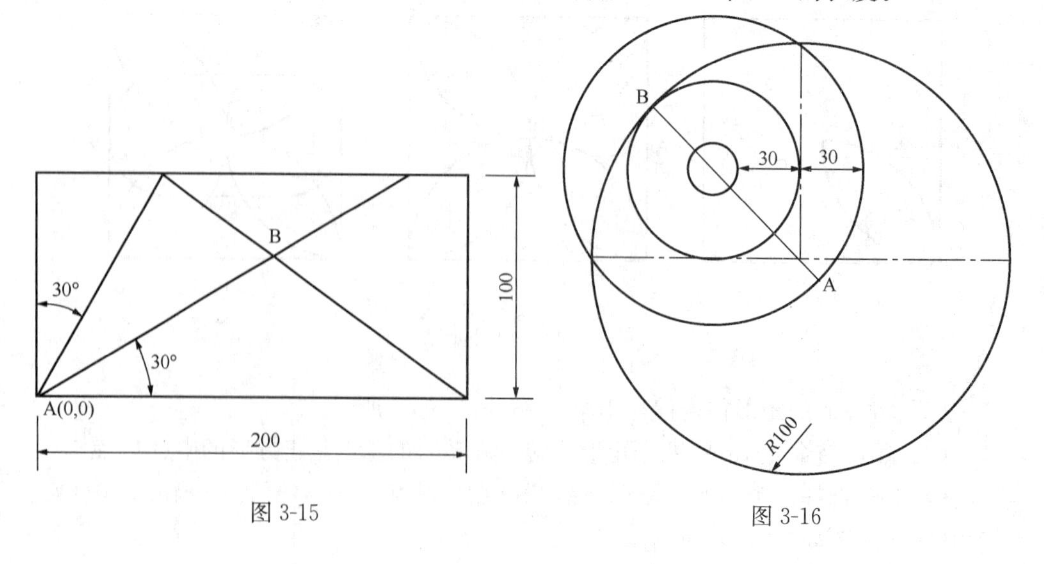

图 3-15

图 3-16

（5）将长度和精度设为小数点后 3 位，绘制图 3-17，求半径 R。

（6）将长度和精度设为小数点后 3 位，绘制图 3-18，求大圆半径 R。

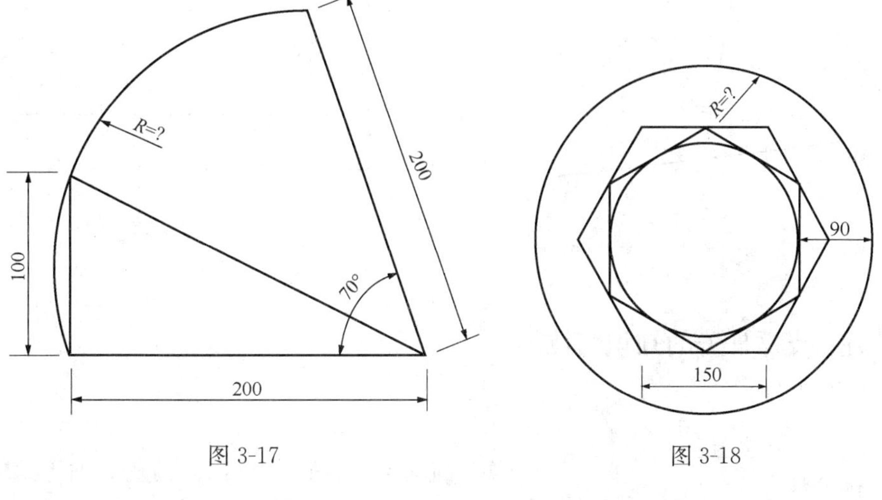

图 3-17　　　图 3-18

（7）将长度和精度设为小数点后 3 位，绘制图 3-19，求阴影部分的面积与周长。

提示：使用创建面域的方法求面积；在使用 Aa 求面积时，采用参数加模式。

（8）将长度和角度精度设置为小数点后 3 位，绘制图 3-20，求切点 A 的坐标。

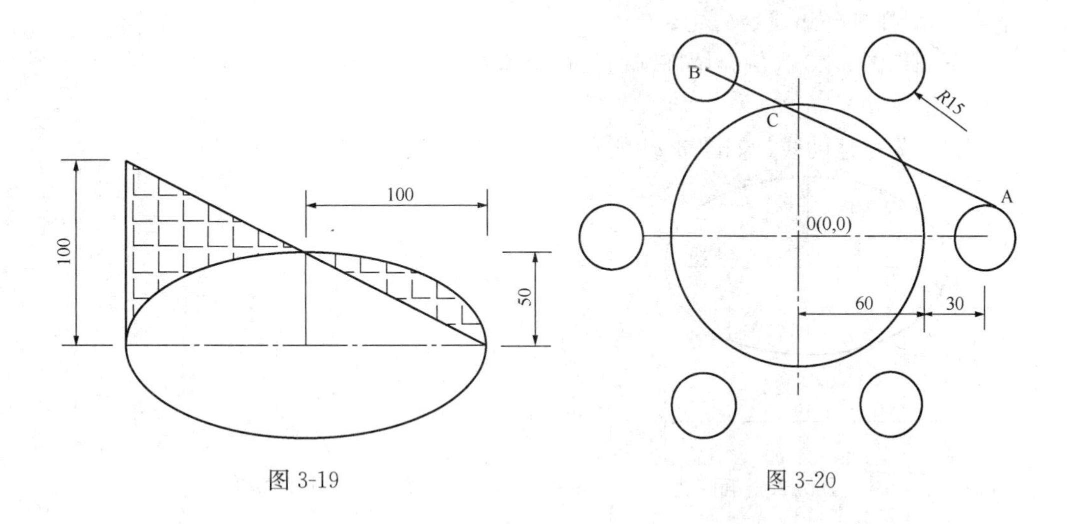

图 3-19　　　图 3-20

（9）将长度和精度设为小数点后 3 位，绘制图 3-21，求中点 M 点的坐标。

（10）将长度和精度设为小数点后 3 位，绘制图 3-22，求 AC 的长度。

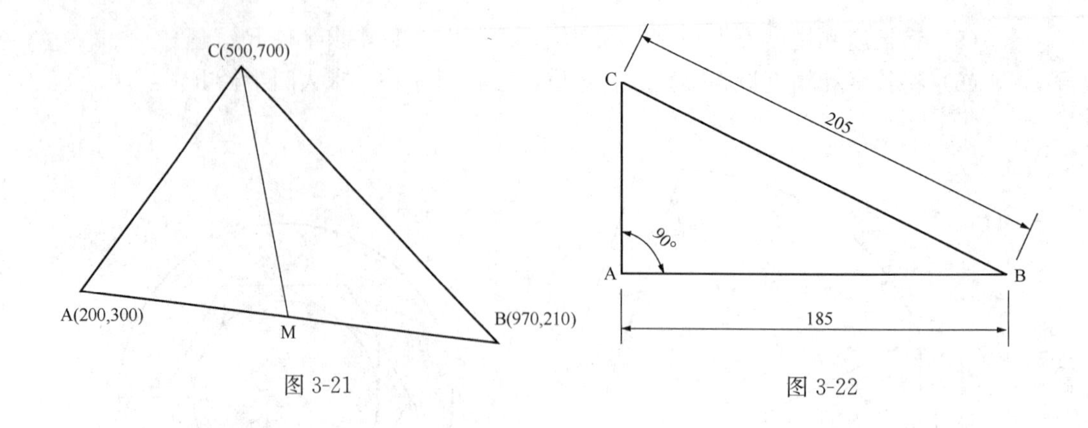

图 3-21　　图 3-22

五、支撑任务的知识与技能

1. 椭圆命令

图标：
菜单：绘图→椭圆
命令：Ellipse或EL

说明：椭圆包含椭圆中心、长轴及短轴等几何特征。绘制椭圆的默认方法是指定椭圆第一条轴线的两个端点及另一条轴线长度的一半。另外，也可通过指定椭圆中心、第一条轴线的端点及另一条轴线的半轴长度来创建椭圆。

小技巧：绘制椭圆时找到三个点（即绘制时的三个条件），即可将椭圆绘制完成。

下面以图 3-23 为例介绍椭圆的几种操作方法。

方法一：

(1) 先作辅助线，如图 3-24 所示。

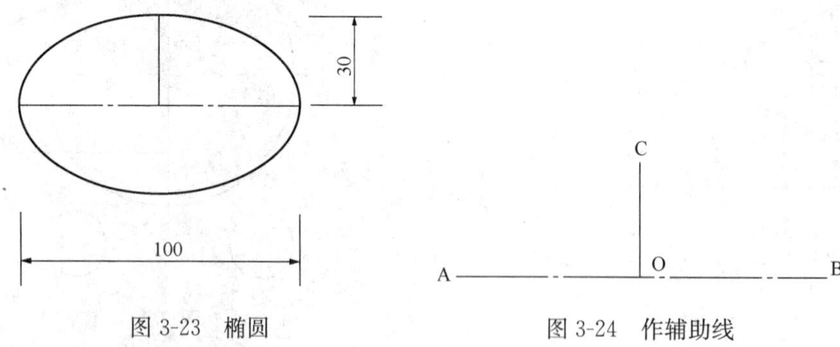

图 3-23　椭圆　　图 3-24　作辅助线

(2) 命令：EL Ellipse　　//输入命令

指定椭圆的轴端点或［圆弧(A)/中心点(C)］：//在图 3-24 中的 A 点单击

指定轴的另一个端点：　　//在图 3-24 中的 B 点单击

指定另一条半轴长度或［旋转(R)］：　　//在图 3-24 中的 C 点单击

方法二：

(1)先作辅助线，如图 3-24 所示。

(2)命令：EL Ellipse　　　　　　　　　　　//输入命令

指定椭圆的轴端点或［圆弧(A)/中心点(C)］：C//从输入参数 C

指定椭圆的中心点：　　　　　　　　　　//在图 3-24 中的 O 点单击

指定轴的端点：　　　　　　　　　　　　//在图 3-24 中的 B 点单击

指定另一条半轴长度或［旋转(R)］：　　　//在图 3-24 中的 C 点单击

2. 正多边形命令

图标：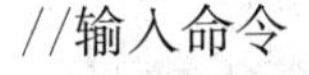
菜单：绘图→正多边形
命令：：Polygon或Pol

说明：正多边形是所有边长相同。边数为三或三以上可以采用此命令来绘制。

下面以图 3-25 为例介绍多边形的几种样式。

(1) 作三角形（图 3-26*a*），操作方法如下：

命令：Pol　　　　　　　　　　　　　　　//输入命令

输入边的数目 ＜3＞：3　　　　　　　　　//输入边数 3

指定正多边形的中心点或［边(E)］：　　　//在图 3-25 中的 O 点单击

输入选项［内接于圆(I)/外切于圆(C)］＜I＞：I　//输入参数 I，内接于圆

指定圆的半径：　　　　　　　　　　　　//在图 3-25 中的圆上单击

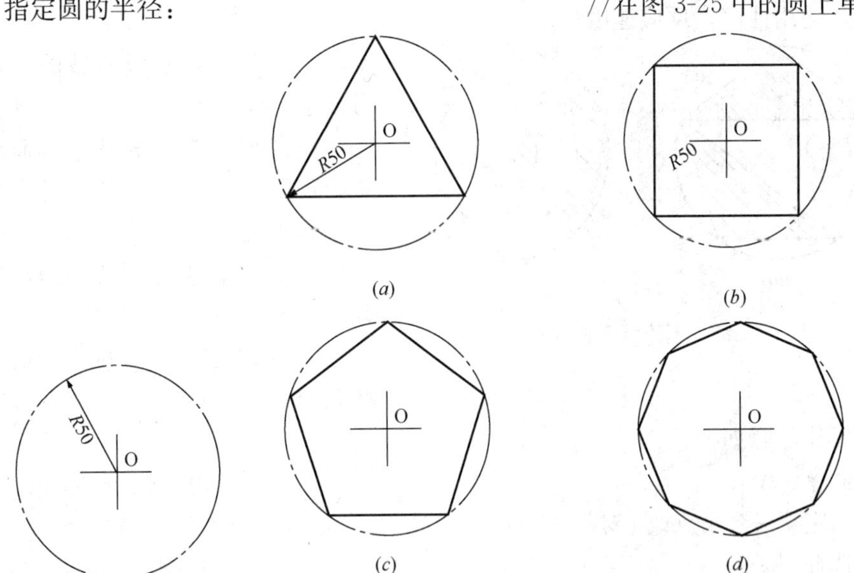

图 3-25　画圆作为辅助线　　　　　　　　图 3-26　多边形

(2) 用同样的方法画四边形，如图 3-26(*b*)所示；五边形如图 3-26(*c*)所示；八边形如图 3-26(*d*)所示。

(3) 按中心点的方法绘制时，除了选择参数 I（内接于圆）外，还可采用选择参数 C（外切于圆）的方法绘制，若采用半径均为 50 时绘制出的图形效果如图 3-27(*a*)、(*b*)所示。

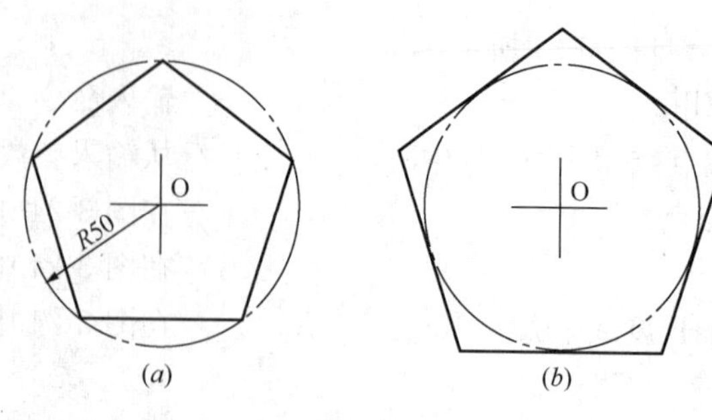

图 3-27　用参数 I 与 C 绘制的区别

(a) 内接于圆 I；(b) 外切于圆 C

(4) 在绘制图形时除了采用中心点的方法外，还可使用边长 E 的方法。

3. 面积查询

图标：
菜单：工具→查询→面积
命令：Area或Aa

(1) 填充图案查询法。

将需求面积的区域进填充，然后使用 Aa 或 Li 查询面积。但计算量大，会出现无法显示数据及死机。

(2) 多段线查询法。

使用命令 PL，绘制一条完整的多段线或封闭的对象。采用命令 Li 或 Aa 进行查询，适用性广，反应速度快。

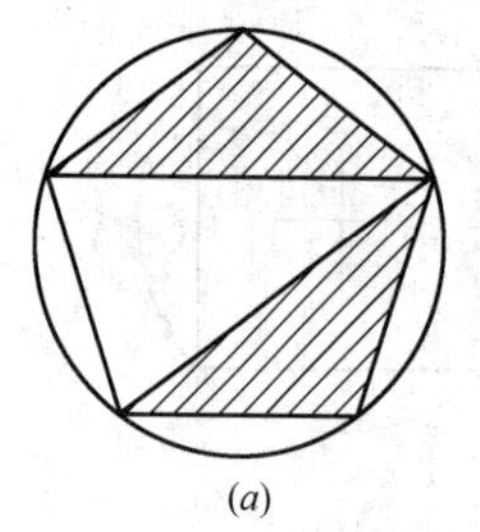

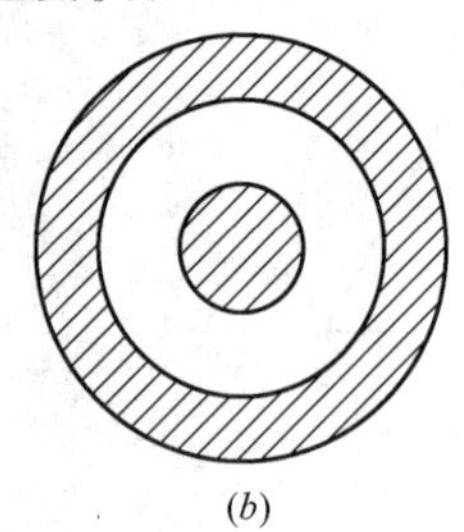

图 3-28　不连续面积的查询

(3) 做边界或做面域的方法都可以进行面积查询。

小技巧：对于不连续的面积查询，最简单的方法，用填充命令一次性填充完成，再用 Aa 进行查询，查询时选择的对象是填充的对象，如图 3-28 所示。

(4) 不连续面积的查询，采用填充的方法完成。

操作步骤如下：

命令：Aa　　//输入命令 Aa

指定第一个角点或［对象(O)/加(A)/减(S)］：O　　//输入参数 O

选择对象：　　//在图 3-28(a)上单击

面积=3285.8195，周长=425.3254　　//查询出结果

任务 3.3　AutoCAD 在测量上的应用之坐标反算*

一、任务布置与分析

已知 A、B 两点坐标分别为 $X_A=835.315$，$Y_A=178.432$，$X_B=800.543$，Y_B

=129.402，求 AB 的边长及坐标方位角。

分析：在测量中的坐标点为 A（178.432，835.315），B（129.402，800.543)，在绘图之前将动态输入关闭。

二、任务目标

通过 2 个图形的绘制，掌握坐标反算与坐标正算。

三、绘图方法及步骤

1. 长度、角度与方向的设置

◆ 单击“格式”菜单→单位→弹出图 3-29“图形单位”对话框→将“长度”下的“精度”设为“0.000”→将“角度”下的“类型”设为“度/分/秒”→将“精度”设为“0d00′00.0″”→勾选上“顺时针”。

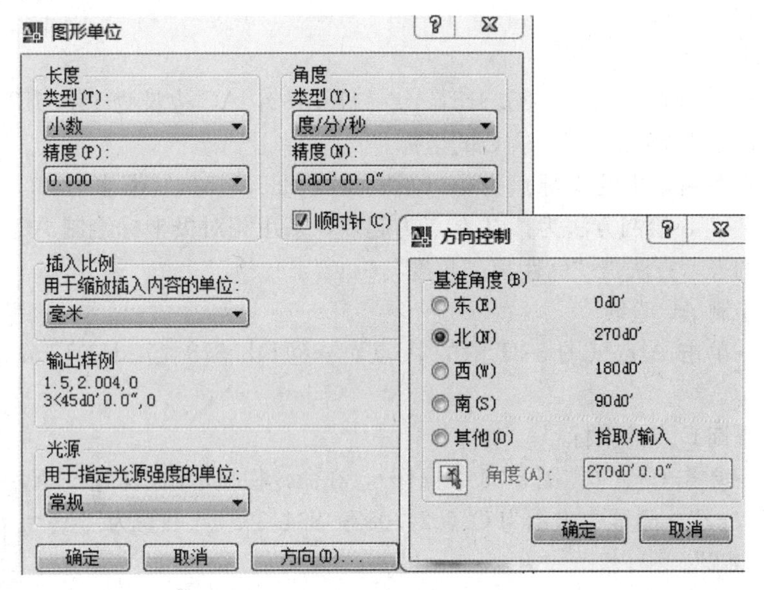

图 3-29 “图形单位”对话框　　图 3-30 “方向控制”对话框

◆ 单击图 3-29 中的“方向”按钮→弹出图 3-30“方向控制”对话框→选择基准角度为“北”→单击“确定”按钮→单击“确定”按钮。

2. 绘制图形

绘图之前关闭动态输入。

◆ L→178.432，835.315（键盘输入 A 点的坐标）→129.402，800.543（键盘输入 B 点的坐标）→回车（绘制出的图形如图 3-31 所示）。

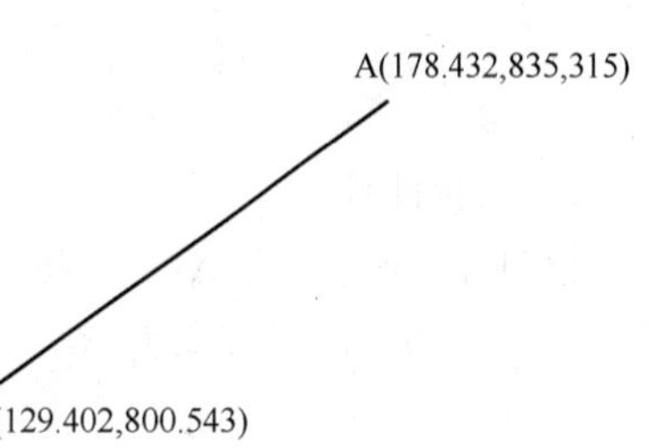

图 3-31 绘制出的直线

◆ Li→单击 AB 直线，弹出图 3-32 文本窗口，在窗口中显示：长度=60.109，在 *XY*

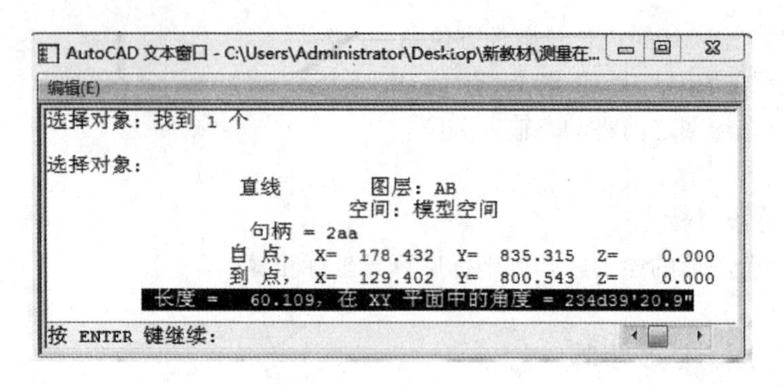

图 3-32　文本窗口

平面中的角度 ＝ 234d39′20.9″。

四、拓展任务

1. 坐标正算

已知 A 点坐标为 X_A＝835.315，Y_A＝178.432，AC 边长为 148.518，AC 边的坐标方位角为 78°43′17″，求 C 的坐标。

分析：在测量中的坐标点为 A（178.432，835.315），AC 长 148.518，方向角为 78°43′17″，绘制方法为：以 A 点为起点，采用相对极坐标绘制 AC 直线，相对极坐标的表示方法是“@距离＜角度”。

（1）绘制 AC 直线

◆ L→单击 A 点（图 3-31 中的 A 点）→@148.518＜78d43′17″，结果如图 3-33所示。

（2）查询 C 点的坐标

◆ Id→单击 C 点（在图 3-33 中操作），在命令栏显示出坐标值“X＝ 324.082 Y＝864.362”，测量中表示为 C（324.082，864.362），书写为“X_C＝ 864.362，Y_C＝ 324.082”。

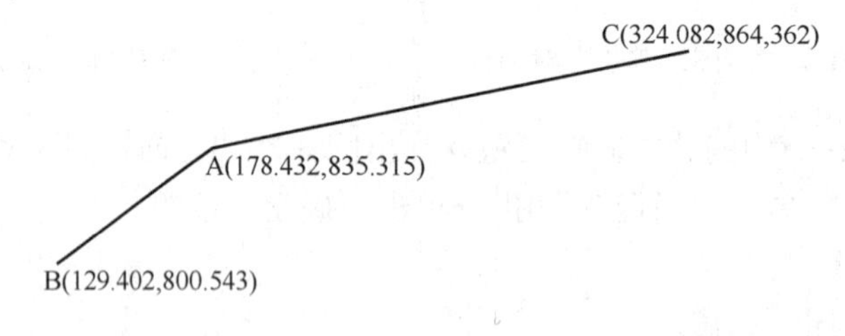

图 3-33

2. 综合计算

已知 L 点坐标为 X_L＝725.680，Y_L＝480.640，M 点坐标为 X_M＝515.980，Y_M＝985.280，P 点坐标为 X_P＝1054.052，Y_P＝937.984，求 LP 的边长、∠PLM 的方位角、△PLM 的面积。

分析：在测量中的坐标点为 L（480.640，725.680），M（985.280，

515.980)，P（937.984，1054.052)。

操作方法如下：

(1) 使用多段线命令绘制三角形PLM，并查询LP的距离。

◆ PL→480.640，725.680（键盘输入L点的坐标）→985.280，515.980（键盘输入 M 点的坐标）→ 937.984，1054.052（键盘输入 P 点的坐标）→C（闭合），结果如图3-34所示。

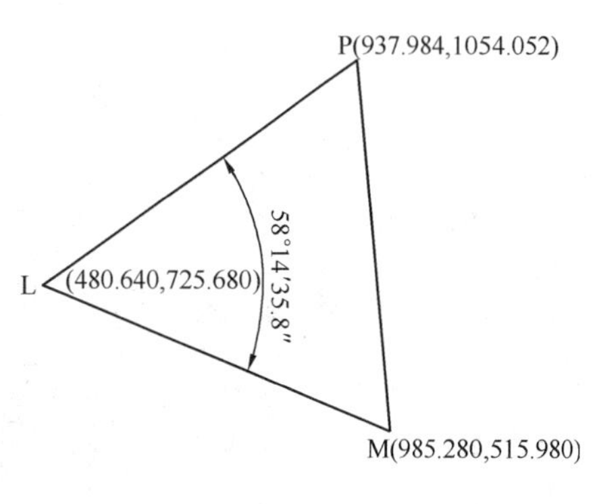

图 3-34

◆ Di→单击 L 点→单击 P 点，在命令栏显示“距离 ＝ 563.020”。

(2) 使用标注的方法查询∠PLM的角度，在标注前先做样式的设置。

◆ St（修改文字样式）→新建（新建一种文字样式）→jd（样式名）→确定→将使用大字体前的勾取消→将字体设为宋体→将“jd”文字样式设为当前样式→关闭。

◆ D（修改标注样式）→新建（新建一种标注样式）→jd（样式名）→继续→弹出图3-35“修改标注样式”对话框，下面的操作在此对话框中进行设置：

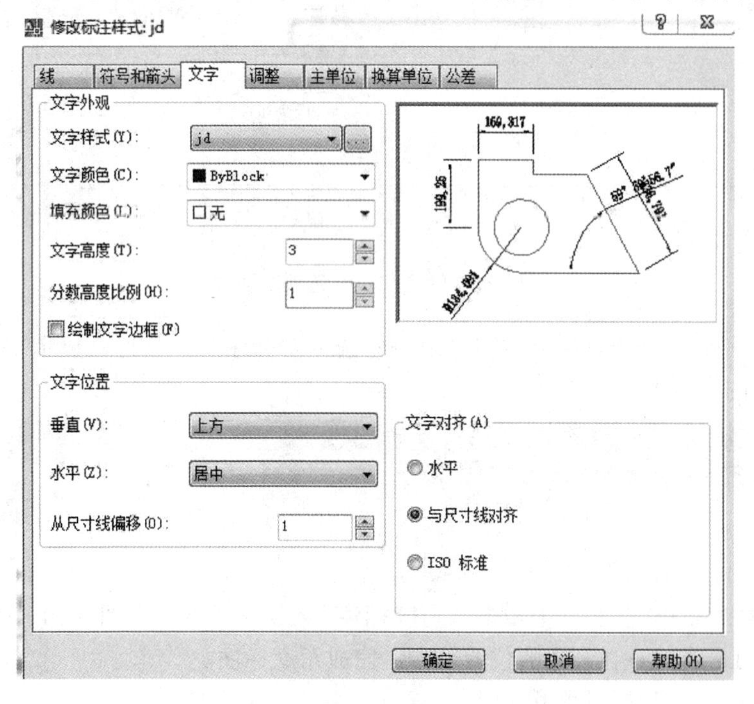

图 3-35 “修改标注样式”对话框

“文字”选项→选择“jd”文字样式→文字高度设为3→从尺寸线偏移设为1；

“调整”选项→使用全局比例设为10；

“主单位”选项→在“角度标注”下的“单位格式”选“度/分/秒”→“精度”

选“0d00′00.0″”，如图 3-36 所示。

设置完成后单击“确定”按钮→选择“jd”标注样式→单击“置为当前”按钮→单击“关闭”按钮。

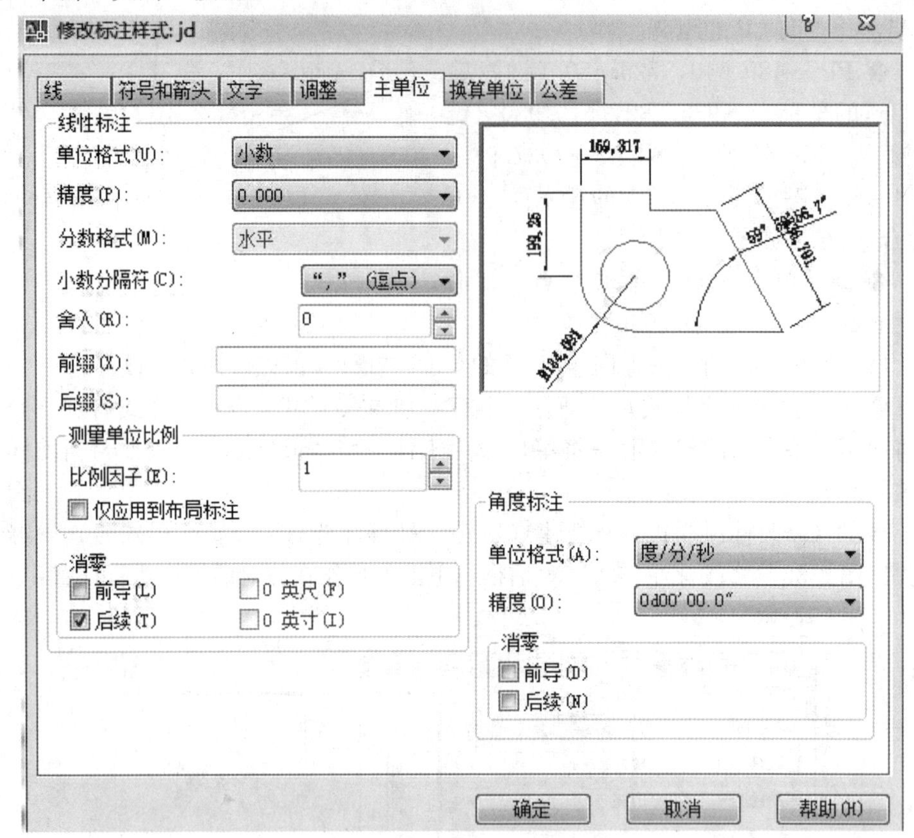

图 3-36 “主单位”选项对话框

◆ 在任意一个工具栏上右键单击→勾选上“标注”工具栏，显示“标注”工具栏，如图 3-37 所示。

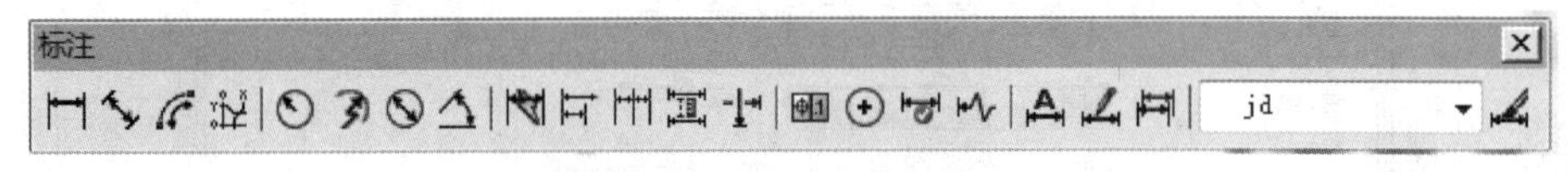

图 3-37 “标注”工具栏

◆ 在“标注”工具栏上单击“角度标注”图标→单击图 3-34 中的 LM 直线→单击 LP 直线→在合适的位置单击，完成角度标注。

(3) 查询△PLM 的面积。

◆ Aa→O→单击三角形。

最后答案：LP = 563.020，∠PLM = 58° 14′ 35.8″，△PLM 的面积 = 130807.341。

五、支撑任务的知识与技能

长度、角度与方向的设置

AutoCAD 中的坐标表示是（x，y），方向是逆时针的，如图 3-38 所示。而测量出的坐标是（y，x），方向是顺时针的，如图 3-39 所示。

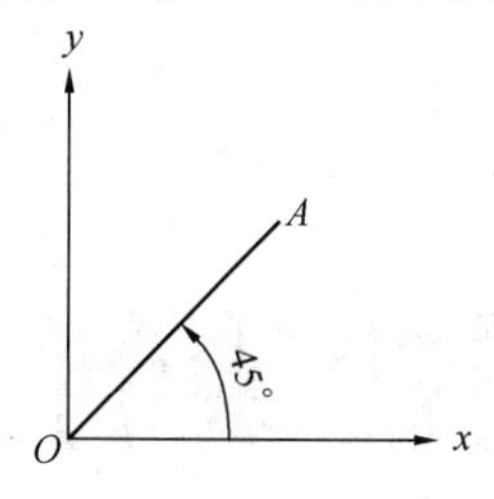

图 3-38 “AutoCAD”中的坐标与方向

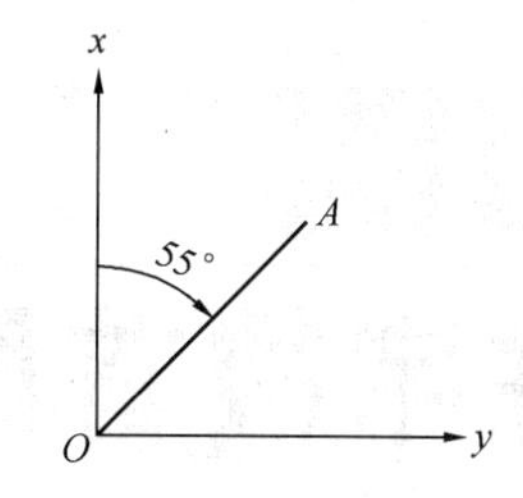

图 3-39 “测量”中的坐标与方向

项目 4

某住宅楼首层平面图的绘制

【项目概述】

在建筑施工图纸中，建筑平面图是建筑设计、施工图纸中的重要组成部分，它是用一个假想的水平剖切平面沿略高于窗台的位置剖切房屋后，移去上面的部分，对剩下部分向H面做正投影，所得的水平剖面图，称为建筑平面图，简称平面图。它反映出房屋的平面形状、大小和布置；墙、柱的位置、尺寸和材料；门窗的类型和位置等。本项目为绘制如图4-1所示的某小区一单元住宅楼施工图的首层平面图，绘图按轴线→墙→门窗→柱子→标注→阳台的顺序进行。

【项目目标】

本项目通过绘制某一单元住宅楼施工图的首层平面图，加深识图能力培养，学习绘制平面图的流程。在绘制的过程中，贯彻《房屋建筑制图统一标准》GB/T 50001—2010。本项目分为5个任务，通过完成这些任务，学会使用AutoCAD的绘图命令与编辑命令。

任务4.1 A3图框与轴线的绘制

一、任务布置与分析

在绘图前读图，按规范绘制图4-2图框，在图框中绘制图4-3轴线。绘制轴线时，按从下到上，从左到右的顺序。先绘制下开间的1号轴线，再交叉绘制左进深中的A号轴线。由于篇幅所限，本项目中的图形作了适当的修改，在绘图时，按照标注的实际尺寸绘制。

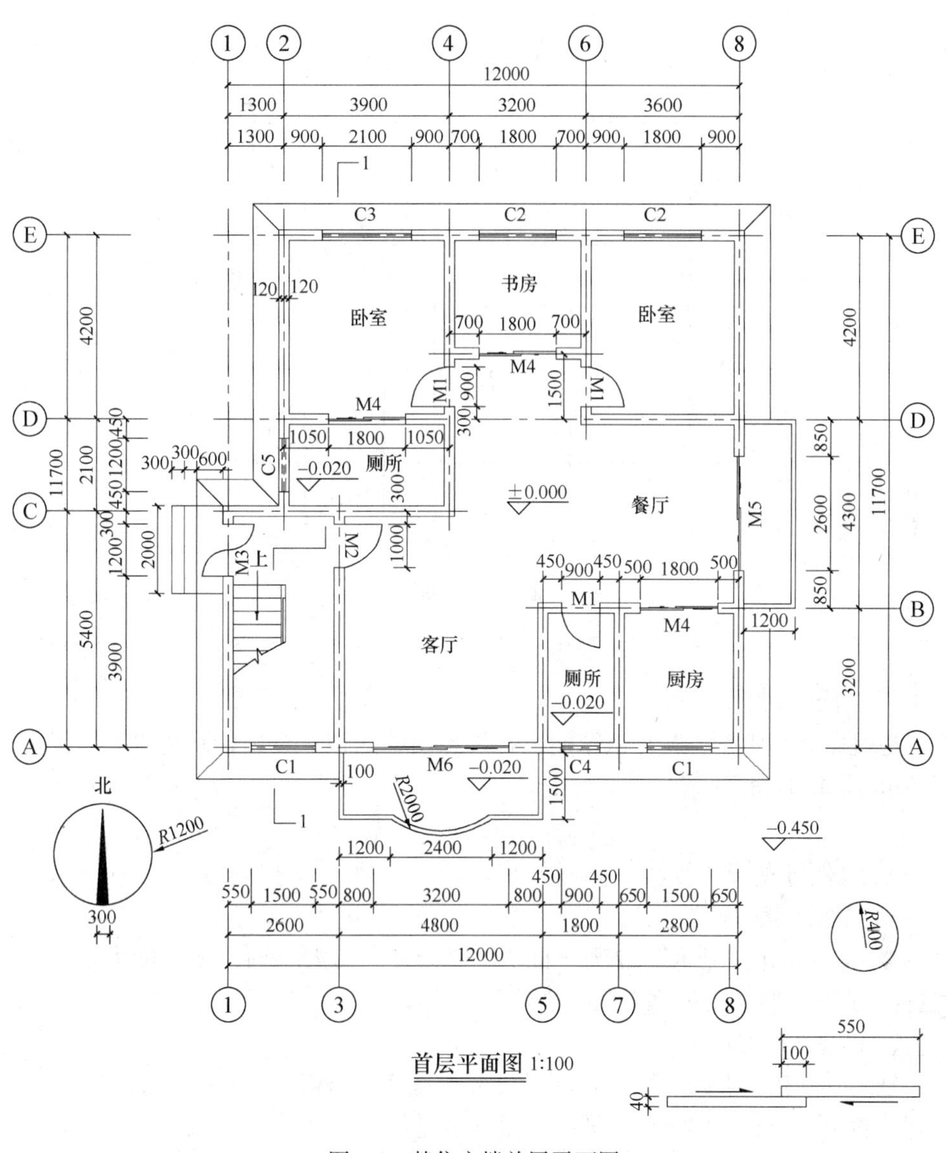

图 4-1 某住宅楼首层平面图

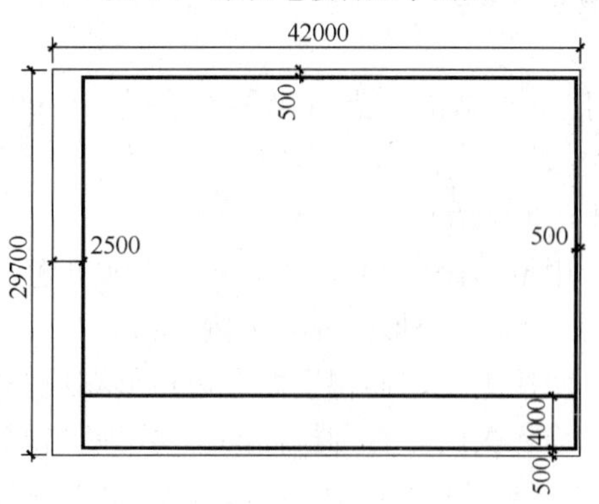

图 4-2 图框

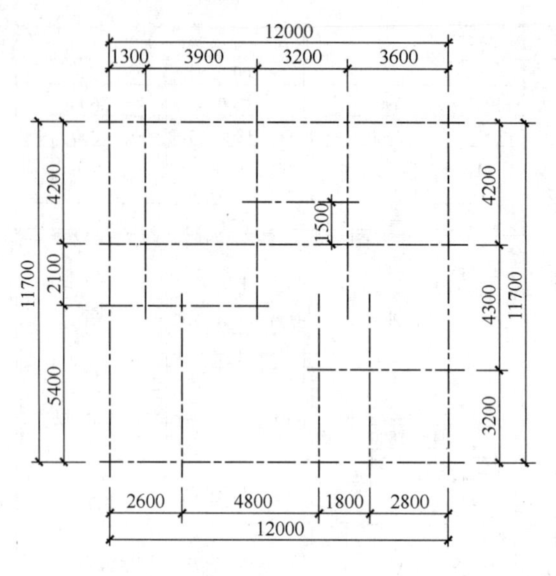

图 4-3　轴线

二、任务目标

通过完成本任务，提升识图能力，熟悉图幅知识，会进行环境设置，灵活运用 AutoCAD 的命令。

三、绘图方法及步骤

1. 绘图环境的设置

◆ Op→单击“显示”选项→将“十字光标”的大小调到适合的大小→单击“选择”选项→将“拾取框”的大小调到合适大小。

2. 创建图层（La）

轴线（红色、点画线）、墙（白色、0.5 线宽）、标注（蓝色）、门窗（青色）、楼梯（黄色）、阳台（洋红）、图框文字（白色）。

3. 绘制 A3 横式幅面（420×297），绘制时放大 100 倍。

（1）绘制幅面线。

◆ Rec→在屏幕上任意单击一点（第一个角点）→@42000，29700（对角点）。

◆ Z→A（将视图全部显示）。

（2）绘制图框线，用偏移命令 O 将 42000×29700 的矩形往里偏 500。

◆ O→500（输入）→单击矩形→在矩形内单击。

（3）修改图框线，使用夹点拉伸将里面左边矩形右拉 2000。

在拉伸之前将动态输入关闭，否则拉伸的距离可能出现误差。

◆ 在里面矩形的左上角点单击→在蓝色夹点上单击→出现红色夹点后，鼠标水平往右移（图 4-4）→输入 2000，结果如图 4-5 所示。

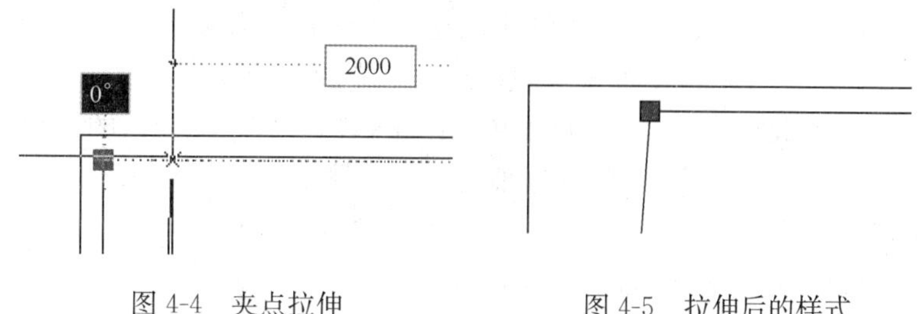

图 4-4　夹点拉伸　　　　图 4-5　拉伸后的样式

同样的方法，将下方的矩形右拉 2000。

（4）将里边的边框线加粗为 50。

◆ 选中里面的矩形→右键单击→选“特性”→将“全局宽度”设为 50（在几何特性下）→关闭。

4. 将图幅移动到合适的位置

◆ M→选中刚绘制好的图幅→回车→在图幅中任意单击（指定为基点）→在合适的位置单击（指定第二点）。

5. 绘制定位轴线（从下往上，从左到右）

（1）用直线命令 L 水平绘制 A 号轴线（13000），再交叉垂直绘制 1 号轴线（13000）。

（2）绘制下开轴线，使用偏移命令，偏移距离分别为 2600、4800、1800、2800。再用拉伸命令 S 将 3、5、7 号轴线向下拉，修改轴线，与上开间的轴线区分。

◆ O→输入 2600→单击 1 号轴线，在 1 号轴线的右方单击。按同样的方法偏移其他轴线。

◆ S→在上方用交叉窗口同时选择 3、5、7 号轴线→回车→在刚选定的轴线上方单击→鼠标垂直向下移→在合适的位置单击。

（3）绘制上开轴线，使用偏移命令 O，偏移距离分别为 1300、3900、3200。再用夹点拉伸将 2、4、6 号轴线向上拉，修改轴线，与下开间的轴线区分。

◆ O→输入 1300→单击 1 号轴线，在 1 号轴线的右方单击。按同样的方法偏移其他轴线。

◆ 在下方用交叉窗口分别选择 2、4、6 号轴线→在 2 号轴线的下方夹点上单击→鼠标垂直向上移→在合适的位置单击（如果操作不成功，可以将对象捕捉与对象追踪关闭）。

（4）绘制左进深的轴线，使用偏移命令 O，偏移距离分别为 5400、2100、4200。

◆ O→输入 5400→单击 A 号轴线，在 A 号轴线的上方单击。按同样的方法偏移其他轴线。

◆ 选中 C 号轴线→在右边夹点上单击→鼠标水平向左移→在合适的位置单击。

（5）绘制右进深的轴线，使用偏移命令 O，偏移距离为 3200。直接使用夹点拉伸将 B 号轴线左端向右拉，修改轴线，与左进深的 C 号轴线区分。

◆ O→输入 3200→单击 A 号轴线，在 A 号轴线的上方单击。

◆ 选中 B 号轴线→在左边夹点上单击→鼠标向右移→在合适的位置单击。

（6）添加书房内的轴线，将 D 号轴线向上偏移 1500，然后修改。

◆ O→输入 1500→单击 D 号轴线→在其上方单击。

使用夹点拉伸将图修改成图 4-3 的样式。

四、拓展任务

A1 图框的绘制。

五、支撑任务的知识与技能

1. 图纸幅面的规范要求

详见《房屋建筑制图统一标准》GB/T 50001—2010 的第 4 页。

（1）图纸幅面及图框尺寸，应符合表 4-1。

表 4-1

幅面代号 / 尺寸代号	A0	A1	A2	A3	A4
$b \times l$	841×1189	594×841	420×594	297×420	210×297
c	10			5	
a	25				

注：尺寸单位为 mm。

（2）需要微缩复制的图纸，其一条边上应附有一段准确米制尺度，四条边上均附有对中标志，米制尺度的总长应为 100mm，分格应为 10mm。对中标志应画在图纸内框各边长的中点处，线宽 0.35mm，应伸入内框边，在框外为 5mm。

（3）图纸的短边尺寸不应加长，A0～A3 幅面长边尺寸可加长，但应符合《房屋建筑制图统一标准》中表 3.1.3 的规定。

（4）图纸以短边作为垂直边时应为横式，以短边作为水平边时应为立式。A0～A3 图纸宜横式使用，必要时也可立式使用。

（5）标题栏应如图 4-6、图 4-7 所示，根据工程的需要选择确定其尺寸、格式及分区。签字栏应包括实名列和签名列。

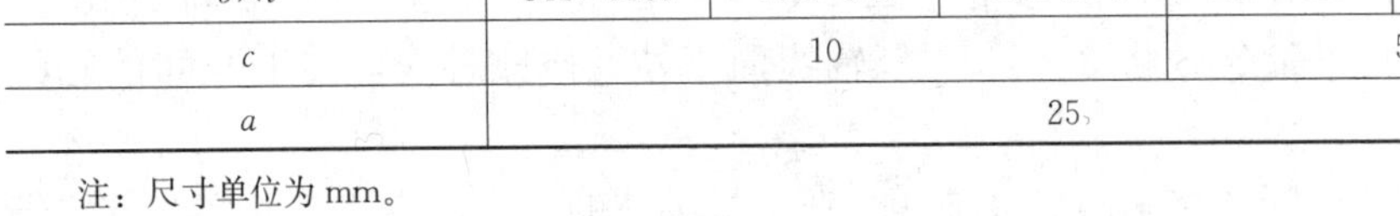

设计单位名称	注册师签章	项目经理	修改记录	工程名称区	图号区	签字区	会签栏

30~50mm

图 4-6　标题栏 1

设计单位名称
注册师签章
项目经理
修改记录
工程名称区
图号区
签字区
会签栏

40~70

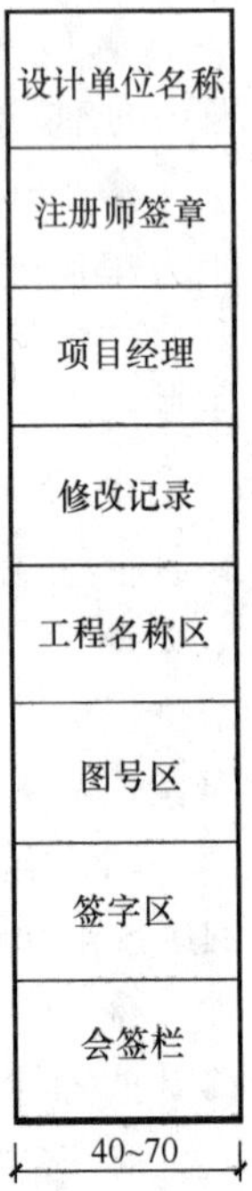

图 4-7　标题栏 2

（6）工程图纸应按专业顺序编排。应为图纸目录、总图、建筑图、结构图、给水排水图、暖通空调图、电气图等。

2. 选项命令

图标：无 菜单：修改→对象→多线 命令：Mledit

说明：执行命令后弹出如图 4-8 所示的选项卡，并做如下设置：

（1）“显示”选项卡

单击“字体”，弹出图 4-9，可进行字体、字形、字号的设置，设置完成后单击“应用并关闭”按钮，返回到图 4-8“显示”选项卡；单击“颜色”，弹出图 4-10，设置背景色，设置完成后单击“应用并关闭”按钮，返回到图 4-8“显示”选项卡，可以调整十字光标的大小。

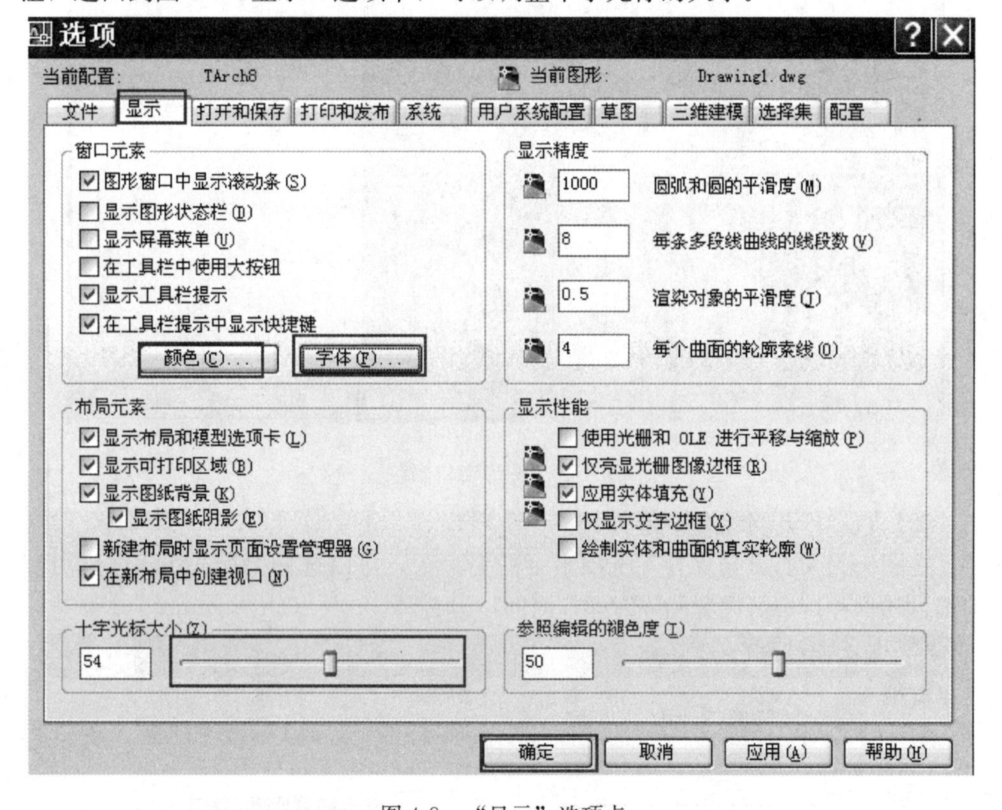

图 4-8 “显示”选项卡

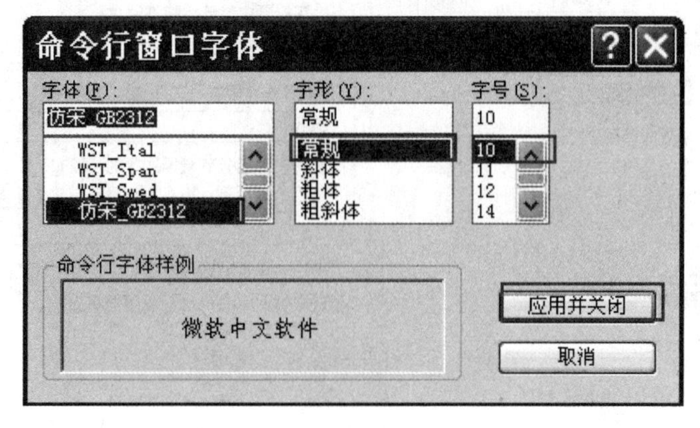

图 4-9 “字体”对话框

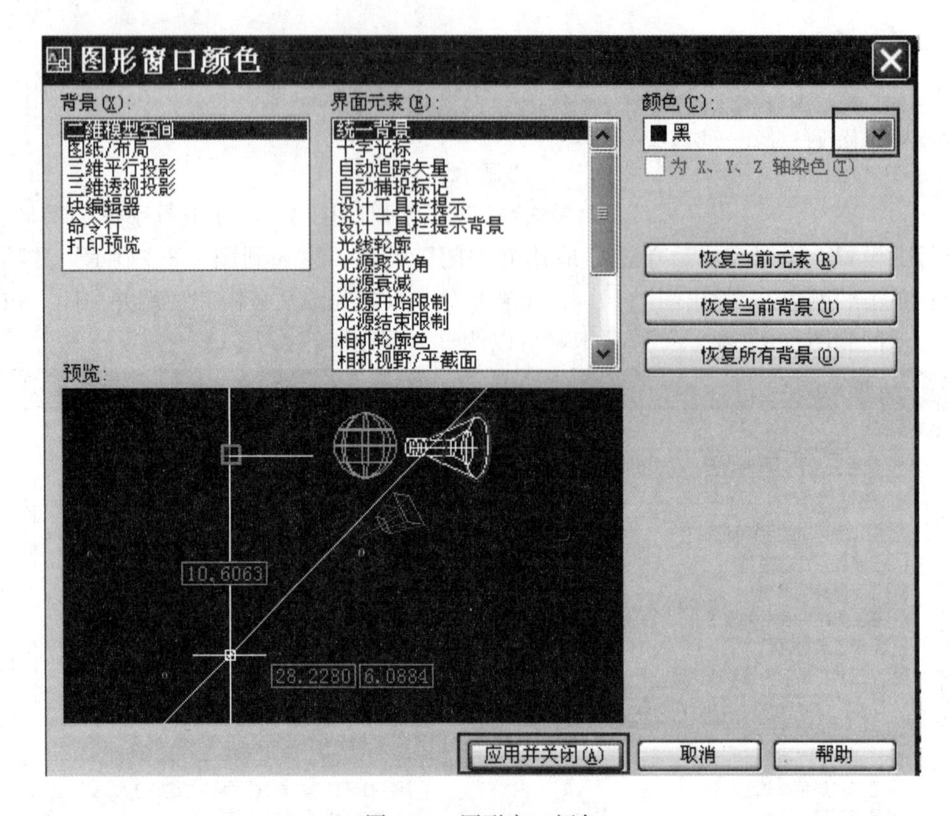

图 4-10　图形窗口颜色

(2) 在“打开与保存”选项卡

在图 4-11“打开与保存”选项卡下的另存为，可以选择保存的版本号，可以勾选自动保存，也可设置间隔时间，时间以分钟计。

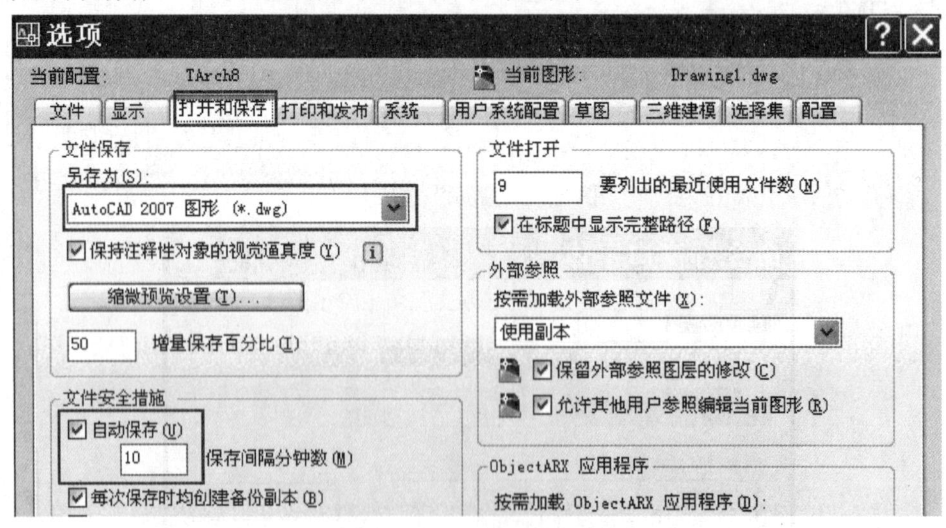

图 4-11　“打开与保存”选项卡

(3)“选择集”选项卡

在图 4-12“选择集”选项卡中可调整拾取框的大小，按住拾取框下的滑条不

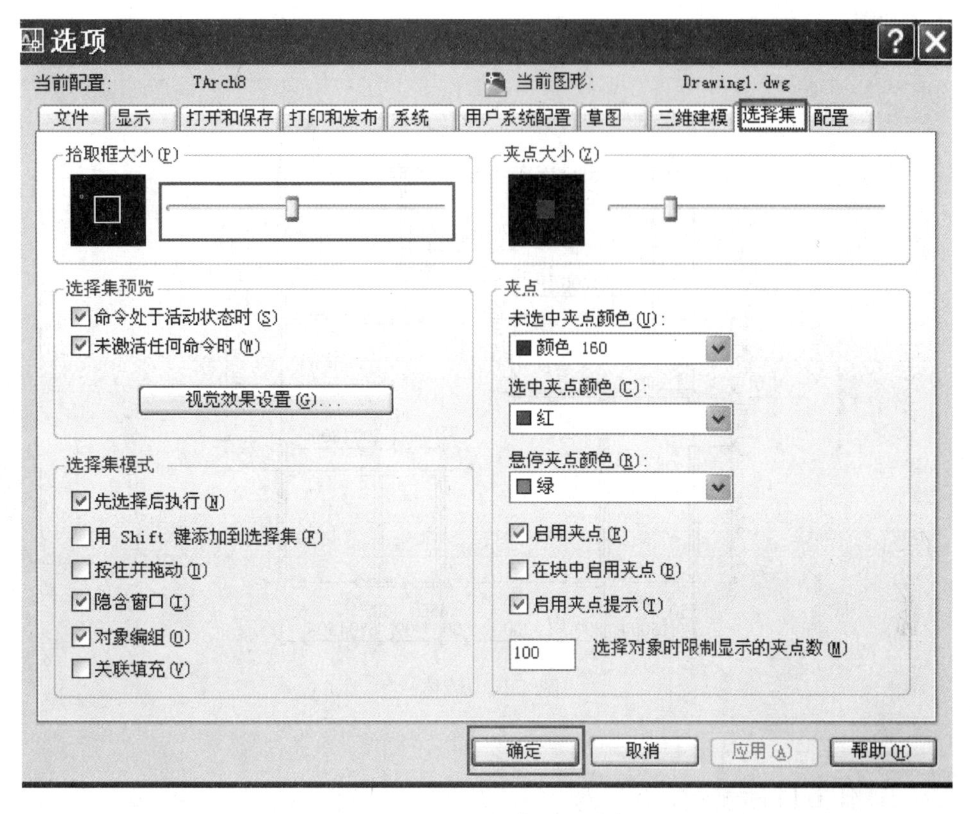

图 4-12 “选择集”选项卡

放向左向右移动，可以将拾取框放大缩小，设置完成后单击“确定”按钮。

3. 夹点

夹点是选择图形对象后所显示出的特征点，例如直线有 3 个特征点：2 个端点，1 个中点；圆形 5 个点：4 个象限点，1 个圆心点；矩形 4 个点是 4 个顶点。选择对象后这些点会被亮显出来，当在选中的某个特征点上单击时，这时该点会显示为红色，用此点做为基点进行编辑，比如移动、镜像、旋转、缩放、拉伸等，在操作时可输入 C，表示复制，即编辑结果是复制的新对象。

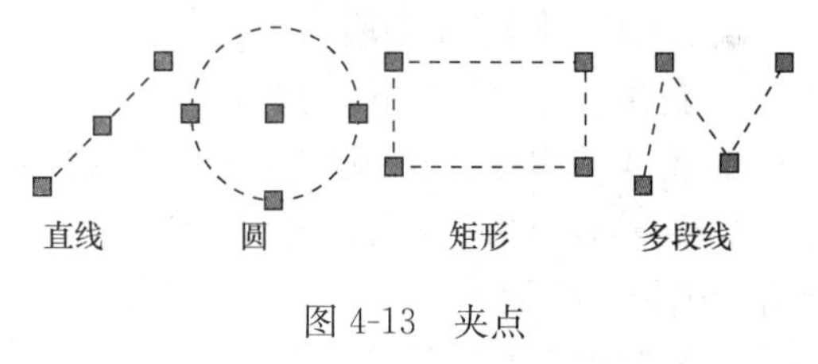

图 4-13 夹点

任务 4.2 墙 的 绘 制

一、任务布置与分析

根据图 4-1 中的标注绘制墙体，使用 ML 命令绘制，在绘制时将门窗洞口直接留出，先将外墙绘制好，再绘制内墙，绘制完成的效果如图 4-14 所示。

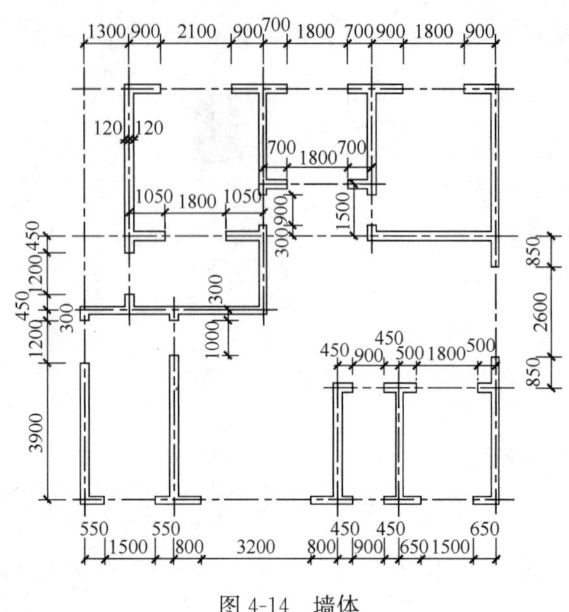

图 4-14　墙体

二、任务目标

通过图 4-14 的绘制，掌握多线设置、多线命令、多线编辑命令的使用方法与技巧。

三、绘图方法及步骤

1. 新建一种多线样式并修改

◆ 格式→多线样式→新建→2（输入样式名）→单击“继续”按钮→单击“修改”按钮→直线的起点端点封口→单击“确定”按钮→单击“置为当前”按钮→单击“确定”按钮。

2. 绘制中心对正的墙

（1）24 墙的绘法：ML→J→Z→S→240→绘制 24 墙。

（2）18 墙的绘法：ML→S→180→绘制 18 墙（书房的墙）。

为了更好的编辑墙线，在绘 T 形墙时，横线尽量穿过竖线。

3. 编辑 T 形线

先选竖线，再选横线（先竖后横）。

四、拓展任务

绘制某乡村别墅四层平面图轴线与墙体，如图 4-15 所示。

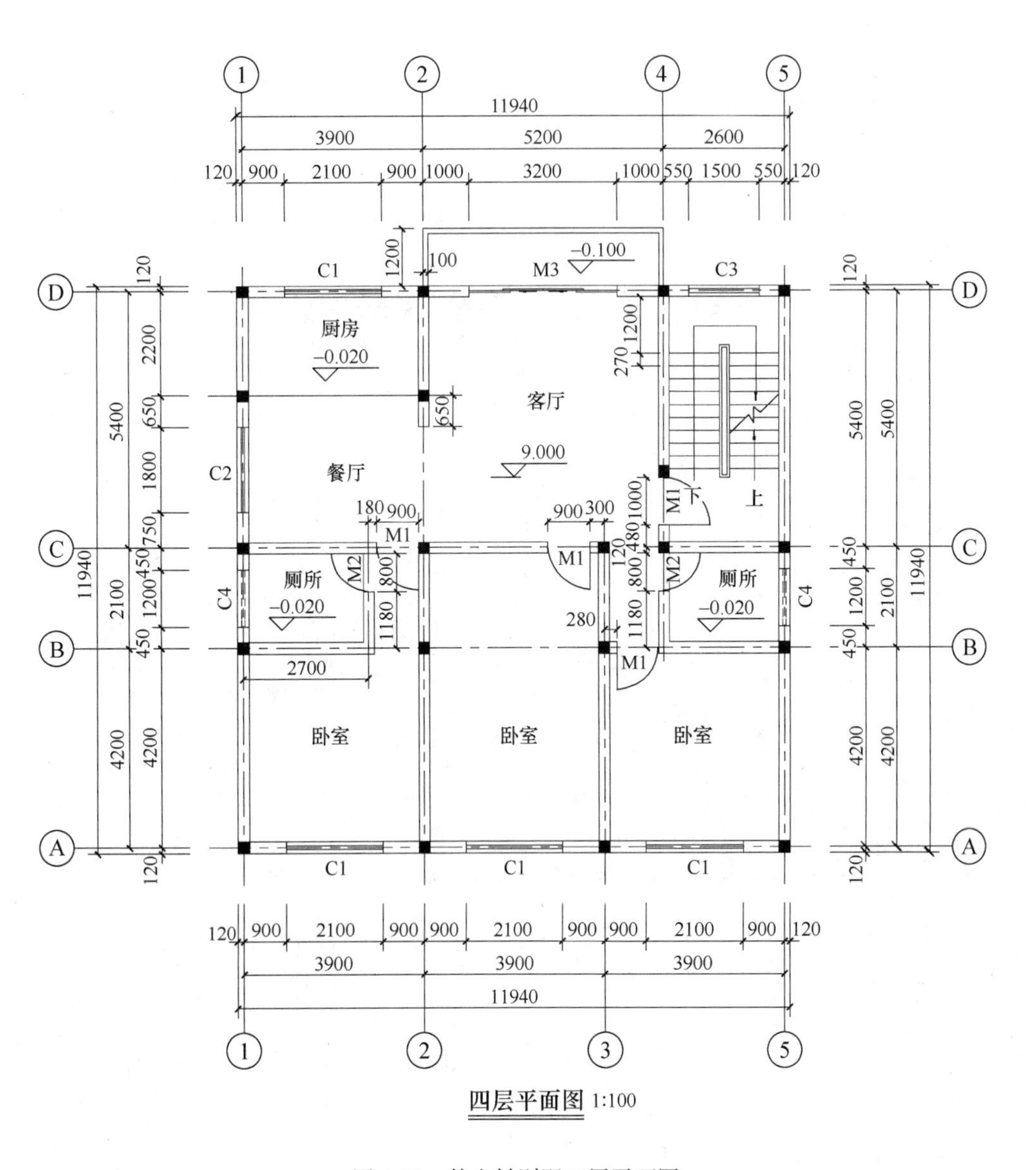

图 4-15　某乡村别墅四层平面图

五、支撑任务的知识与技能

1. 砖的规格

我国现行黏土砖的规格是 240mm×115 mm×53 mm（长×宽×高）。KP1 型空心黏土砖的规格是 240mm×115 mm×90mm（长×宽×高）。

2. 多线的使用方法与技巧

（1）通过新建多线样式直接设置墙线的线宽。

（2）三种常见墙（L 形、十字形、T 形）的编辑。

3. 多线编辑命令

图标：无
菜单：修改→对象→多线
命令：Mledit

(1) 十字合并

在多线上双击后弹出图 4-16→单击十字合并→回到 AutoCAD 绘图区→单击图 4-17（*a*）的 EF 多线（命令栏提示选择第一条多线时单击）→单击图 4-17（*a*）的 MN 多线（命令栏提示选择第二条多线时单击）→空格结束，结果如图 4-17（*b*）所示。

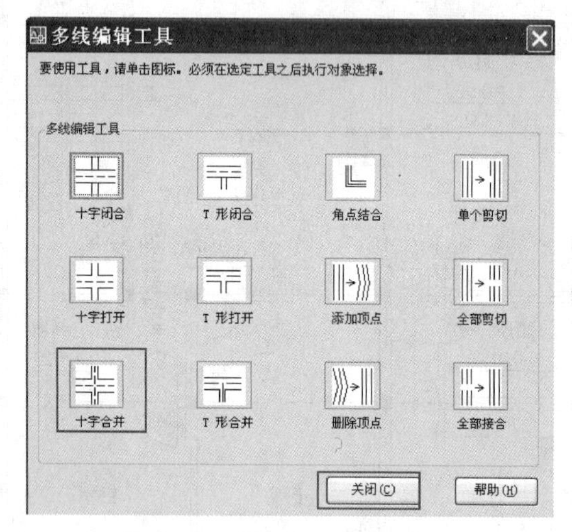

图 4-16　多线编辑工具

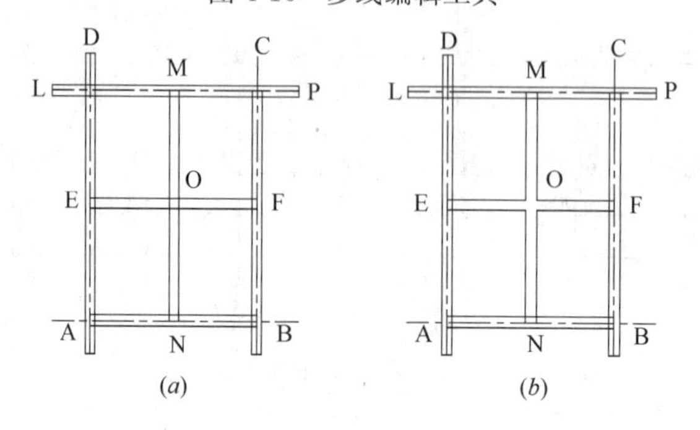

图 4-17　“十字合并”编辑前后
（*a*）原图；（*b*）操作后的图

(2) 角点结合

在多线上双击后弹出图 4-18→单击“角点结合”→回到 AutoCAD 绘图区→单击图 4-19（*a*）的 LP 多线（命令栏提示选择第一条多线时单击）→单击图 4-19（*a*）的 DA 多线（命令栏提示选择第二条多线时单击）→空格结束，结果如图 4-19（*b*）所示。

(3) T 形合并

在多线上双击后弹出图 4-20→单击“T 形合并”→回到 AutoCAD 绘图区→单击图 4-21（*a*）的 MN 多线（命令栏提示选择第一条多线时单击）→单击图 4-21（*a*）的 LP 多线（命令栏提示选择第二条多线时单击）→空格结束，结果如图 4-21（*b*）所示。

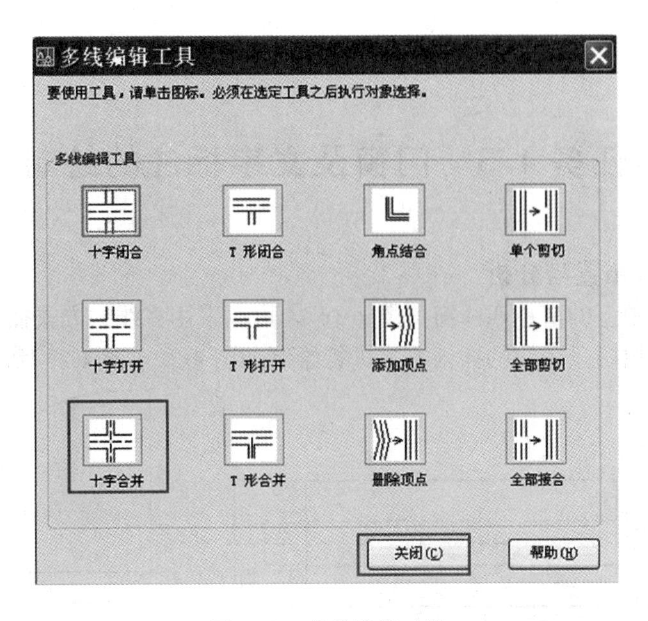

图 4-18　多线编辑工具

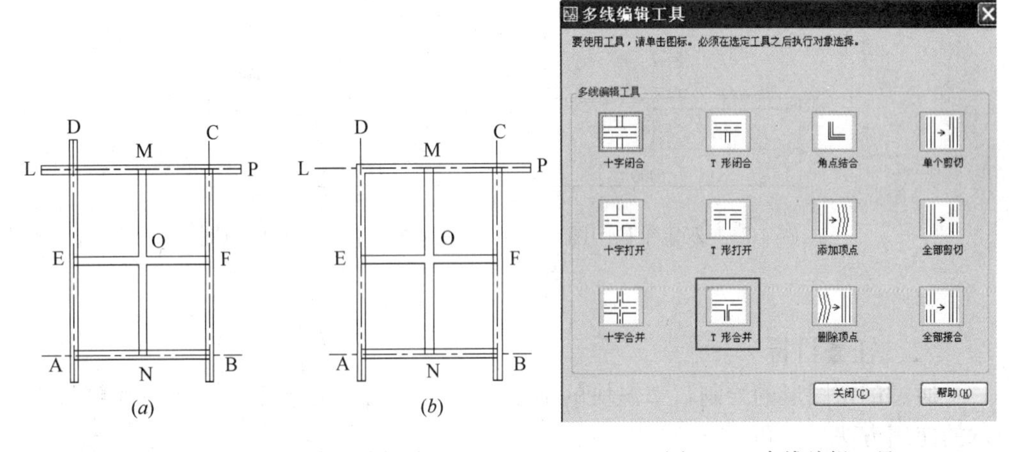

图 4-19　“角点结合”编辑前后

(*a*) 原图；(*b*) 操作后的图

图 4-20　多线编辑工具

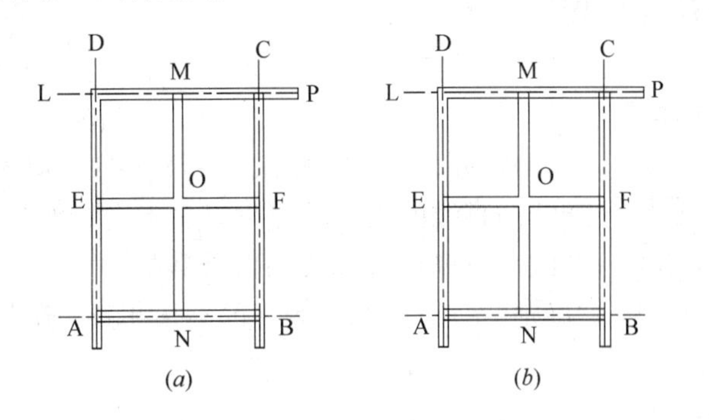

图 4-21　“T 形合并”编辑前后

(*a*) 原图；(*b*) 操作后的图

小技巧：只有T形合并对选择第一条线与第二条线有要求，必须先竖后横。

任务 4.3 门窗及文字标注的绘制

一、任务布置与分析

底层平面图上的窗是四线窗（图 4-22），可以采用多线的方式插入窗，平开门直接绘制，推拉门采用块的插入方式进行绘制如图 4-22～图 4-25 所示。

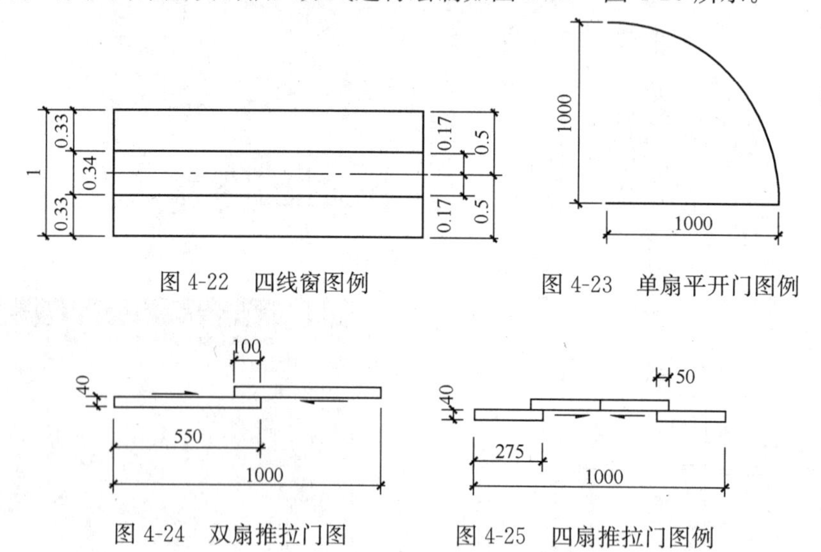

图 4-22 四线窗图例

图 4-23 单扇平开门图例

图 4-24 双扇推拉门图

图 4-25 四扇推拉门图例

二、任务目标

通过门窗图形的绘制，掌握块的创建与插入方法，文字样式的建立及单行文本的使用方法与技巧。

三、绘图方法及步骤

1. 窗的绘制

(1) 设置多线样式

偏移	颜色
0.5	BYLAYER
0.17	BYLAYER
-0.17	BYLAYER
-0.5	BYLAYER

图 4-26 四线窗设置

◆ 格式→多线样式→新建→4（输入新样式名）→继续→直线的起点端点封口→点击 2 次“添加”（添加两条线）→修改每条线的偏移数据，如图 4-26 所示→单击“确定”→单击“置为当前”→单击“确定”。

(2) 画窗

◆ ML→J→Z→S→240→直接画窗。

(3) 窗 C-4 的编辑

◆ 双击窗 C-4→全部修剪→单击多线→单击第二点→按窗 C-4 的样式编辑。

2. 绘制 6 号轴上平开门 M1

先绘制长度为 900 的直线，再用“绘图”菜单下“圆弧”的“起点、端点、方向”绘制圆弧。

3. 绘制平开门 M3

先在门 M3 处用直线作 1 条 1200 长的辅助线，再绘制宽度为 600 的门，经过两次镜像即可绘成。

4. 为双扇推拉门创建块

(1) 绘制如图 4-24 所示的双扇推拉门。

(2) 为宽 1000 的双扇推拉门创建块，块名为 Tlm2。

◆ B→Tlm2（块的名称）→单击推拉门的左上角点作为基点→单击“选择对象”→选择推拉门→回车→单击“保留”选项→单击“确定”按钮。

5. 插入块（以 M-4 与 M-5 为例）

(1) 插入 M-4（M-4 是双扇推拉门，宽为 1800）

◆ I→Tlm2（在名称后选块的名称）→1.8（X 的缩放比例）→单击“确定”按钮→在插入门的目标位置上单击。

(2) 插入 M-5（M-5 是双扇推拉门，宽为 2600）

◆ I→Tlm2→2.6（X 的缩放比例）→90（在角度后输入）→单击“确定”按钮→在要插入门的目标位置上单击。

6. 绘窗的编号

文字样式名称分别为 1（用于符号、数字）、2（用于中文）。

(1) 文字样式设置 ST：设置字高为 0（使用时再改高度）。

◆ 单击样式工具栏上的“文字样式”→单击“新建”按钮→1（输入样式名）→0（高度为 0，使用时可改高度）→0.7（宽度比例）→单击“应用”按钮。

◆ 新建→2（输入样式名）→仿宋 GB 2312（字体名）→0（高度）→单击“应用”按钮→关闭。

(2) 标注门窗上的文字。

使用 1 文字样式。

◆ DT→在输入文字处单击→输入字高 400→回车（旋转角度为 0）→输入 C1。

◆ CO→将文字复制到各个目标位置→双击文字，进行修改。

四、拓展任务

某乡村别墅四层平面图门窗绘制，如图 4-15 所示。

五、支撑任务的知识与技能

1. 字体规范

详见《房屋建筑制图统一标准》GB/T 50001—2010 的第 11 页，具体要求如下：

（1）图纸上所需书写的文字、数字或符号等，均应笔画清晰、字体端正、排列整齐；标点符号清楚正确。

（2）文字的字高，应从表 4-2 中选用。字高大于 10mm 的文字宜采用 TRUETYPE 字体，如需书写更大的字，其高度应按$\sqrt{2}$的倍数递增。

文字的字高（mm） **表 4-2**

字体种类	中文矢量字体	TRUETYPE 字体及非中文矢量字体
字高	3.5、5、7、10、14、20	3、4、6、8、10、14、20

（3）图样及说明中的汉字，宜采用长仿宋体（矢量字体）或黑体，同一图纸字体种类不应超过两种。长仿宋体的宽度与高度的关系应符合表 4-3 的规定，黑体字的宽度与高度应相同。大标题、图册封面、地形图等的汉字，也可书写成其他字体，但应易于辨认。

长仿宋字高宽关系（mm） **表 4-3**

字高	20	14	10	7	5	3.5
字宽	14	10	7	5	3.5	2.5

（4）图样及说明中的拉丁字母、阿拉伯数字与罗马数字，宜采用单线简体或 ROMAN 字体，字高不应小于 2.5mm。

2. 字体知识

（1）*.shx 是 AutoCAD 自带单线文字，低消耗。*.ttf 是 Truetype 框线文字，高消耗。符合国标的字体是：gbeitc.shx、gbenor.shx。中文工程字（符合长仿宋体）是：gbcbig.shx。

（2）AutoCAD 支持后缀名为 ttf 的 TrueType 字体与 AutoCAD 自带的字体，后缀名为 shx 线型字体，这两种字体均保存在 windows 的 font 文件夹下，其中 TrueType 字体是实心的，显示华丽占空间；而另一种字体是空心的，显示较简单。

（3）TrueType 字体可以支持中文字符，如果使用线型字体（shx），要使用大字体才可以支持中文字符。大字体就是字体（shx）的一种特殊形式，用来支持亚洲字母表。当打开文件找不到需要的大字体，汉字则显示“?”。

3. 图块的基本知识

图块能实现一图多用，且可以反复进行调用。例如：可以将建筑物中反复出现的窗户定义为图块，可以随时方便地将已定义好的图块插入到当前图形的指定位置，同时可以对它进行移动、复制、镜像等操作。

图块的功能是：①提高绘图速度；②节省存储空间；③便于修改图形。

只需要简单地将图块调出进行修改，图中插入的所有该图块均会自动地作相应修改，从而减少了工作量，节省了时间。

4. 创建块

图标：
菜单：绘图→块→创建
命令：Block或B

说明：执行该命令后→弹出“块定义”对话框→在对话框中设置参数→单击“确定”按钮。所创建的块为内部块，只能在当前图形中使用，在别的图形文件中不能调用。

5. 插入块

图标：
菜单：插入→块
命令：Insert或I

说明：执行该命令后→弹出“插入”对话框→在对话框中设置参数→单击“确定”按钮。

6. 写入块

命令： Write或 W

说明：执行该命令后→弹出“写块”对话框→在对话框中设置参数→单击“确定”按钮。所创建的块为外部块，除了在当前图形中能调用，在别的图形文件中也能调用。

在进行块操作时注意以下几点：

(1) 图块建议要在0层创建，在特性工具栏中将颜色、线形、线宽都设置为随层。

(2) 在插入块时，切换目录图层，并在“插入”对话框中设置插入基点，输入 X、Y 方向的比例因子及旋转角度。

(3) 在块的插入时，用户也可以指定 X、Y 的比例因子，其中一个为负值或都为负值，在块插入时作镜像变换。

任务 4.4　平面图尺寸及符号标注的绘制

一、任务布置与分析

在进行尺寸标注前，先进行标注样式的设置，标注样式按照房屋建筑制图规范进行设置。在标注外部尺寸时，先用线性标注，再用基线标注，确定三道尺寸线，用继续标注，将外部的三道尺寸线标注完成，再标注细部尺寸，具体尺寸如图 4-1 所示。

二、任务目标

通过完成本任务，掌握尺寸标注的样式设置，进行快速标注。

三、绘图方法及步骤

1. 将图层切换到标注图层，并将标注工具栏显示。

◆ 在任意一个工具栏上右键单击→标注（勾选上标注）。

2. 标注样式设置D（在1：100的图形上进行标注样式设置）

（1）◆单击标注工具栏上的标注样式图标“ ”→新建→bz（新样式名）→继续→然后修改选项中的参数。

直线选项：

基线间距宜7～10mm，在此设为8；

尺寸界线选项：应超出尺寸线2～3mm，在此设为2，起点偏移量应不小于2mm，在此设为3；

勾选固定长度的尺寸界线，长度设为7。

符号和箭头选项：箭头第一项用建筑标记，箭头大小宜为2～3mm，在此设为2。

文字选项：

文字样式选1（数字及字母的字高不应小于2.5mm）；

字高：3（数字字高设为3）；

从尺寸线偏移：没有标准，在此设为1。

调整选项：

选文字始终保持在尺寸界线之间；

文字位置：选尺寸线上方，不带引线；

使用全局比例：100。

主单位选项：线性标注，精度设为0；

所有选项设置完成后，单击“确定”按钮→在样式栏下选中“bz”→单击“置为当前”按钮→单击单击“关闭”按钮。

（2）标注的使用（先做外部尺寸的标注）

◆单击“线性标注”（ ）→单击第1点→单击第2点→在合适的位置单击（确定尺寸线的位置）。

再使用基线标注（ ）与连续标注（ ）完成其他标注。

3. 轴号的标注

（1）文字样式选择“1”。

（2）C→400（绘制半径为400的圆）。

（3）DT（单行文本）→J→MC→点击圆心→回车（文字旋转角度为0）→输入文字1。

（4）分别以圆的四个象限点为起点，绘制4条直线，长度为1000（可以自行绘制，不按此方法）。

（5）将轴号分别复制到各个目标位置，在轴号上双击进行修改（可以自行绘制，不按此方法）。

四、拓展任务

某乡村别墅四层平面图文字与尺寸的标注，如图4-15所示。

五、支撑任务的知识与技能

1. 字体规范

参见《房屋建筑制图统一标准》GB/T 50001—2010 的第 33 页。

2. 尺寸标注的组成

尺寸标注包括：尺寸界线、尺寸线、尺寸起止符号、尺寸数字，如图 4-27 所示。

（1）尺寸界线：应用细实线绘制，一般应与被注长度垂直，其一端应离开图样轮廓线不小于 2mm，另一端宜超出尺寸线 2～3mm

（2）尺寸起止符号：一般用中粗斜短线绘制，其倾斜方向应与尺寸界线呈顺时针 45°角，长度宜为 2～3mm

（3）尺寸数字

图样上的尺寸，应以尺寸数字为准，不得从图上直接量取。

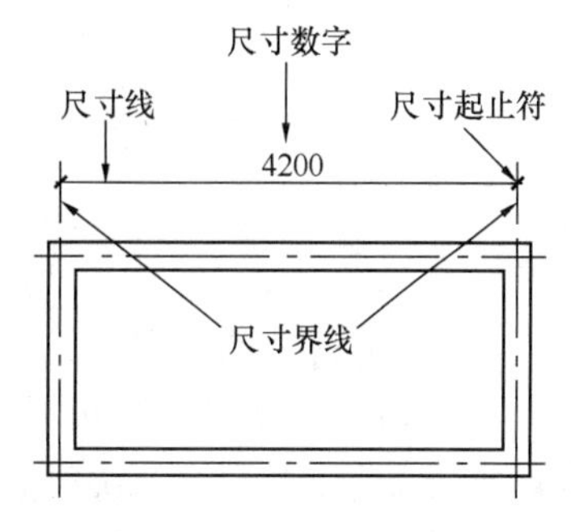

图 4-27　尺寸标注四要素

图样上的尺寸单位，除标高及总平面以“米”为单位外，其他以“毫米”为单位。

（4）尺寸线：

图样轮廓线以外的尺寸界线与图样最外轮廓之间的距离不宜小于 10mm。平行排列的尺寸线的间距宜为 7～10mm。

3. 符号

索引符号由直径 8～10mm 的圆和水平直径组成，采用细实线绘制；详图符号的圆采用直径为 14mm 的粗实线绘制。

任务 4.5　阳台、台阶等图形的绘制

一、任务布置与分析

在绘制时注意结合《房屋建筑制图统一标准》，阳台、台阶、散水可用 PL 命令绘制，具体样式与尺寸见图 4-1。

二、任务目标

通过绘制阳台、台阶、散水等图形，具有综合使用 AutoCAD 的能力。

三、绘图方法及步骤

1. 圆弧阳台的绘制（在 M6 处的门使用多段线命令 PL 绘制，绘制完成后往

里偏移 100）

◆ PL→在起点 M 的位置单击（图 4-28）→鼠标垂直向下，输入 1500→鼠标水平向右，输入 1200→A（进行圆弧的绘制）→R（半径参数）→2000（半径值）→2400（圆弧另一端）→L（转为直线）→鼠标水平向右，输入 1200→鼠标垂直向上，在 N 点处单击→回车退出，效果如图 4-29 所示；再将刚绘制完成的阳台往内偏移 100。

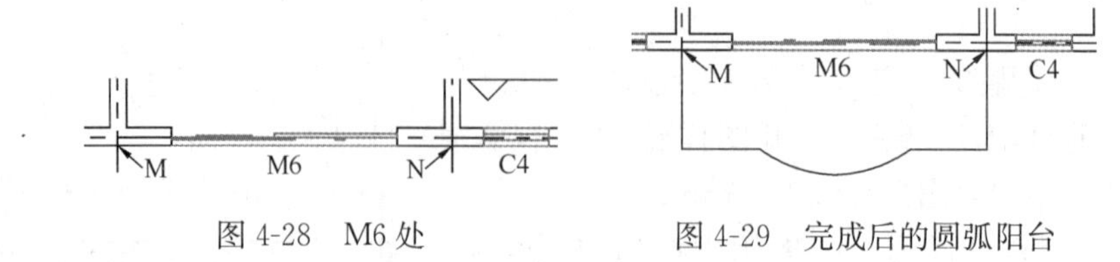

图 4-28　M6 处　　　　图 4-29　完成后的圆弧阳台

2. M3 处台阶的绘制

（1）◆ L→在 E 点处单击，如图 4-30（*a*）所示→鼠标水平向左，输入 600→鼠标垂直向下，输入 2000→鼠标水平向右，输入 600→回车退出，如图 4-30（*b*）所示。

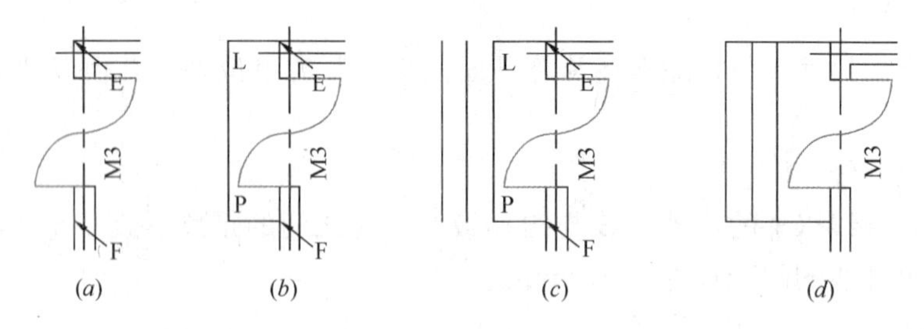

图 4-30　M3 处台阶的绘制过程

（2）将 LP 直线向外偏移两次，偏移距离为 300，如图 4-30（*c*）所示。

（3）用直线将台阶踏面连接好，如图 4-30（*d*）所示。

3. 散水的绘制（使用多线命令 ML 绘制）

◆ 格式→多线样式→新建→1（输入样式名）→单击“继续”按钮→单击偏移下方的“－0.5”（图 4-31）→ 单击“删除”按钮→单击偏移下方的“0.5”→将偏移数据改为 1（图 4-32）→单击“确定”按钮→单击多线样式名称“1”→单击“置为当前”→单击“确定”按钮。

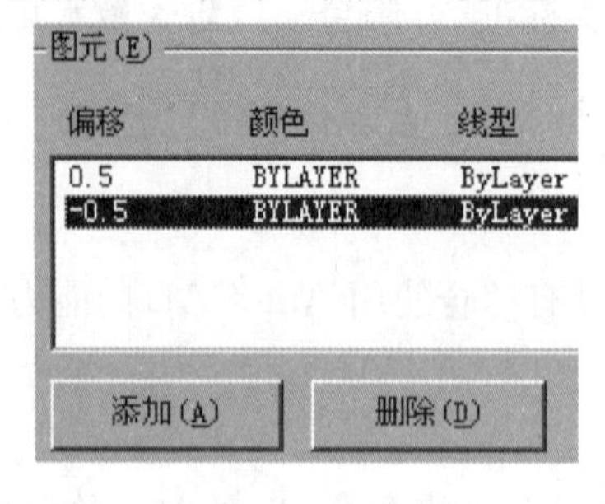

图 4-31　2 条线

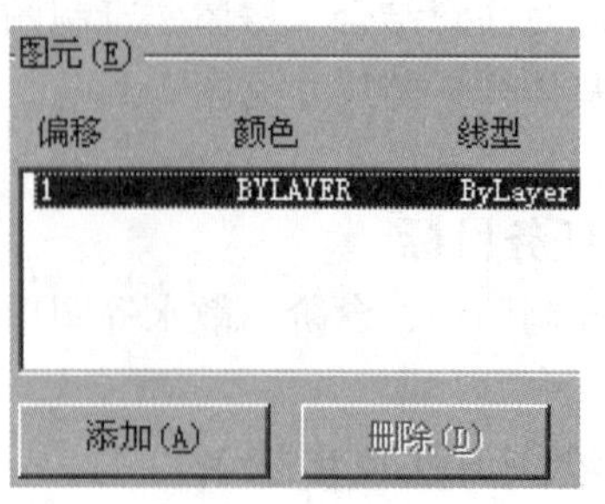

图 4-32　1 条线

◆ ML→J→Z→S→600→沿着外墙绘制（参照图 4-1 将散水绘制完成）。

4. 图层名称与比例的绘制

图样的比例应为图形与实物相对应的线性尺寸之比，比例的符号为“：”，比例应以阿拉伯数字表示，比例宜注写在图名的右侧，字的基准线应取平，比例的字高宜比图名的字高小一号或二号，如图 4-33 所示。

平面图 1:100　　⑥ 1:20

图 4-33

5. 标高符号的绘制（高度约为 3mm）

（1）极轴设置为 45°。

（2）用 PL 命令绘制标高符号，三角形垂直高约为 3mm。

（3）注写文字“%%p0.000”，结果如图 4-34 所示。

6. 指北针的绘制

圆的半径为 1200，箭头用多段线 PL 绘制，从上往下绘时，PL 宽度起点设为 0，端点宽度设为 300，如图 4-35 所示。

7. 剖切符号的绘制

绘制时长度设置分别为：投射方向线 400，位置线 600，线宽 50，采用 PL 绘制，如图 4-36 所示。

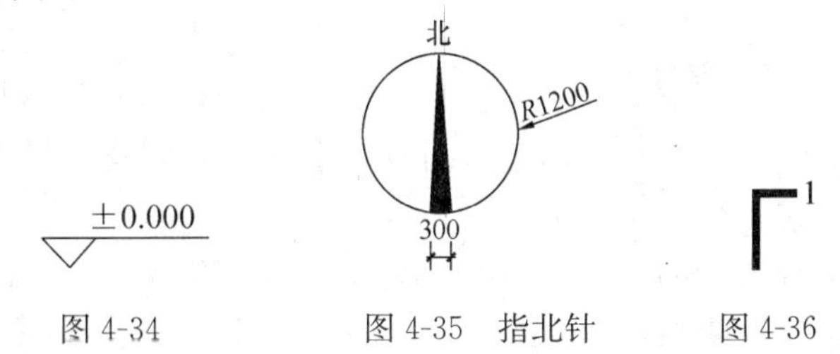

图 4-34　　图 4-35　指北针　　图 4-36

四、拓展任务

某乡村别墅四层平面图楼梯的绘制（按照原图样式，将图形进行完善）。

五、支撑任务的知识与技能

1. 标高规范

参见《房屋建筑制图统一标准》GB/T 50001—2010 的第 39 页。

标高符号应以直角等腰三角形表示，用细实线绘制，与 X 轴正方向的夹角为 45°，顶点到对边的垂直距离约为 3mm，如图 4-37 所示。总平面图室内外地坪标高符号，宜用涂黑的三角形表示，标高符号的尖端指至被注高度的位置。尖端宜向下，也可向上。标高数字应注写在标高符号的上端或下端。

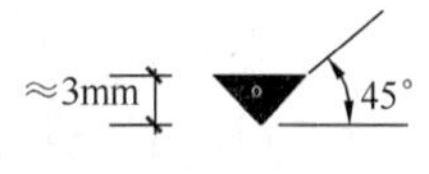

图 4-37　标高符号

标高应以米为单位，注写到小数点以后 3 位。在总平面图中，可注写到小数点后 2 位。零点标高应注写成±0.000。

2. 指北针规范

参见《房屋建筑制图统一标准》GB/T 50001—2010 中第 17 页。

其圆的直径宜为 24 mm，用细实线绘制；指针尾部的宽度宜为 3mm，指针头部应注“北”或“N”字。需用较大直径绘制指北针时，指针尾部的宽度宜为直径的 1/8。

3. 剖切符号规范

参见《房屋建筑制图统一标准》GB/T 50001—2010 中第 14 页。

（1）剖视的剖切符号应由剖切位置线及投射方向线组成，均应以粗实线绘制。剖切位置线的长度宜为 6～10mm；投射方向线应垂直于剖切位置线，长度应短于剖切位置线，宜为 4～6mm（图 4-38）。绘制时，剖视的剖切符号不应与其他图线接触。

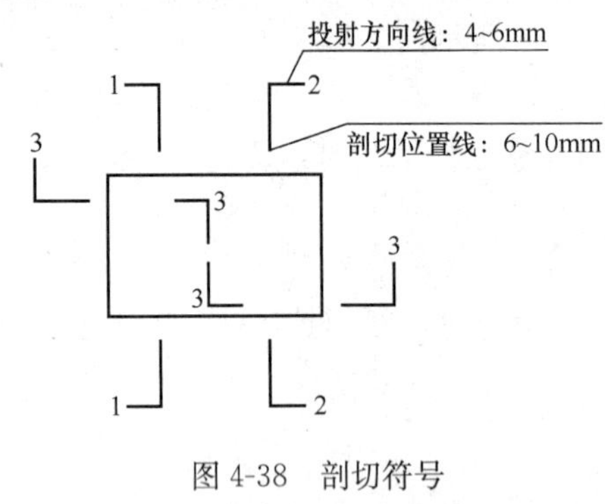

图 4-38　剖切符号

（2）剖视剖切符号的编号宜采用阿拉伯数字，按顺序由左至右、由下至上连续编排，并应注写在剖视方向线的端部。

（3）需要转折的剖切位置线，应在转角的外侧加注与该符号相同的编号。

（4）建（构）筑物剖面图的剖切符号宜注在±0.000 标高的平面图上。

4. 索引符号

索引符号是由直径 8～10mm 的圆和水平直径组成，圆及水平直径应以细实线绘制。索引符号应按下列规定绘制：

（1）索引出的详图，如与被索引的详图在同一张图纸内，应在索引符号的上半圆中用阿拉伯数字注明该详图的编号，并在下半圆中间画一段水平细实线。

（2）索引出的详图，如与被索引的详图不在同一张图纸内，应在索引符号的上半圆中用阿拉伯数字注明该详图的编号，在索引符号的下半圆用阿拉伯数字注明该详图所在图纸的编号，数字较多时，可加文字标注。

5. 详图符号

详图的位置和编号应以详图符号表示。详图符号的圆应以直径 14mm 的粗实线绘制。详图应按下列规定编号：

（1）详图与被索引的图样同在一张图纸内时，应在详图符号内用阿拉伯数字注明详图的编号。

（2）详图与被索引的图样不在同一张图纸内时，应用细实线在详图符号内画一水平直径，在上半圆中注明详图编号，在下半圆中注明被索引的图纸的编号。

6. 引出线

引出线应以细实线绘制，宜采用水平方向的直线或与水平方向呈 30°、45°、60°、90°的直线，文字说明宜注写在水平线的上方，也可注写在水平线的端部。

项目5

某小区11号楼一层平面图的绘制

【项目概述】

从项目5开始使用天正软件绘图，天正软件是北京天正公司开发的更方便于应用的建筑设计专业软件。该软件里有丰富的图库，在绘制轴线、墙体、门窗、标注时更快速。使用天正软件可给设计人员带来很多方便，更节约时间。通过项目的学习，进一步熟悉建筑制图规范，掌握天正软件快速绘制建筑施工平面图，并完整的识读一套建筑施工图。了解有关建筑制图规范中的各项规定，并与AutoCAD软件的使用技巧有机地结合起来，养成规范制图的好习惯；其次识读所绘制的施工图，包括所有图纸的承接关系，详细尺寸等信息。

【项目目标】

1. 通过绘制11号楼一层平面图的轴网、轴网标注、墙体、普通门窗，掌握天正软件中绘制轴网、绘制墙体、插入门窗命令的使用方法与技巧。

2. 通过绘制11号楼一层平面图的柱子、门窗标注、制作门窗表，掌握天正软件中柱子、门窗标注、门窗表绘制命令的使用方法与技巧。

3. 通过绘制11号楼一层平面图的房间名称、卫生洁具、双坡屋顶，掌握天正软件房间名称的注写、插入卫生洁具、制作一种双坡屋顶的使用方法与技巧。

4. 通过绘制11号楼一层平面图的楼梯、阳台、台阶、散水及符号标注等，掌握天正软件中楼梯、阳台、台阶、散水命令的使用方法与技巧。

任务5.1　绘制11号楼一层平面图的轴网、轴网标注、墙、柱

一、任务布置与分析

如图5-1所示，这是一个一梯两户的户型，绘图时先绘制轴网，进行轴网标注，对轴网进行修改，再绘制墙体，最后插入柱子。

二、任务目标

了解天正软件的概况及天正与AutoCAD的区别与联系，在完成本任务的过程中，掌握天正软件中的绘制轴网、轴网标注、轴线裁剪、绘制墙体命令的使用方法与技巧。通过本任务培养学生自我学习能力、创新能力。

三、绘图方法及步骤

1. 绘制轴网（HZZW）

◆ 轴网柱子→绘制轴网→数据设置→设置完成后在绘图区域单击。

下开（2000 1800 3900 2600 3900 1800 2000）

上开（3300 2900 2800 2800 2900 3300）

左进（400 800 3300 1800 4200）

2. 轴网标注（ZWBZ）

◆ 轴网柱子→轴网标注→选中单侧标注→单击下开间左侧1号轴线（起始轴线）→单击下开间左侧13号轴线（终止轴线）→单击左进深下方A号轴线（起始轴线）→单击左进深上方D号轴线（终止轴线）。

3. 用轴改线型（ZGXX）将轴线变成点画线

4. 用绘制墙体（NZQT）命令绘制墙体

◆ 墙体→绘制墙体（HZQT）→按照图样绘制墙体。

5. 标准柱（BZZ）的绘制

在图5-1中的柱子有两种尺寸：一种是240×240；另一种是400×240。

① 240×240柱子插入方法

◆ 轴网柱子→标准柱→按图5-3进行参数设置→在插入该柱子的轴线交点处单击。

② 400×240柱子插入方法

◆ 轴网柱子→标准柱→按图5-4进行参数设置→在插入该柱子的轴线交点处单击。

6. 将文件保存为“任务5.1.dwg”。

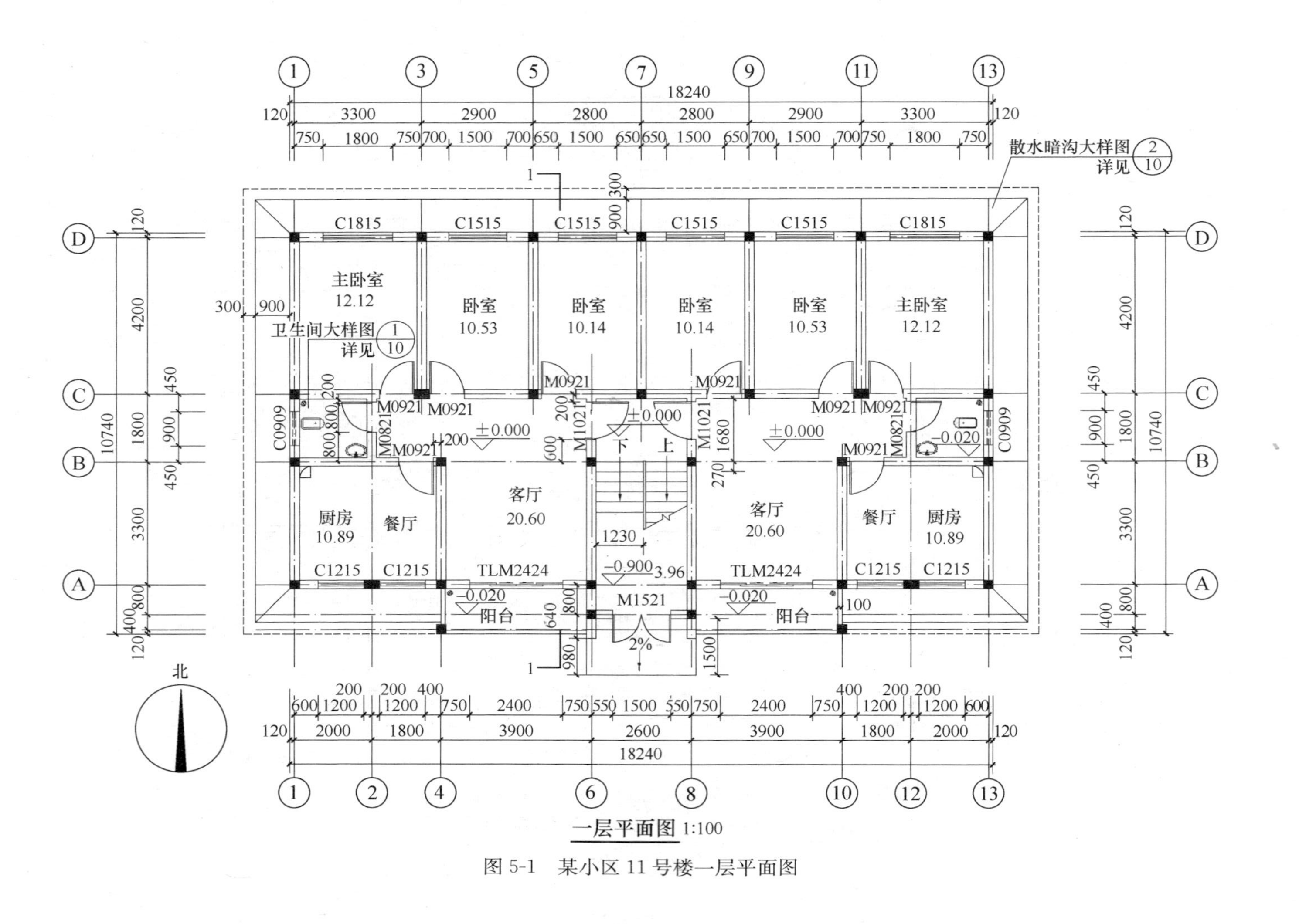

图 5-1 某小区 11 号楼一层平面图

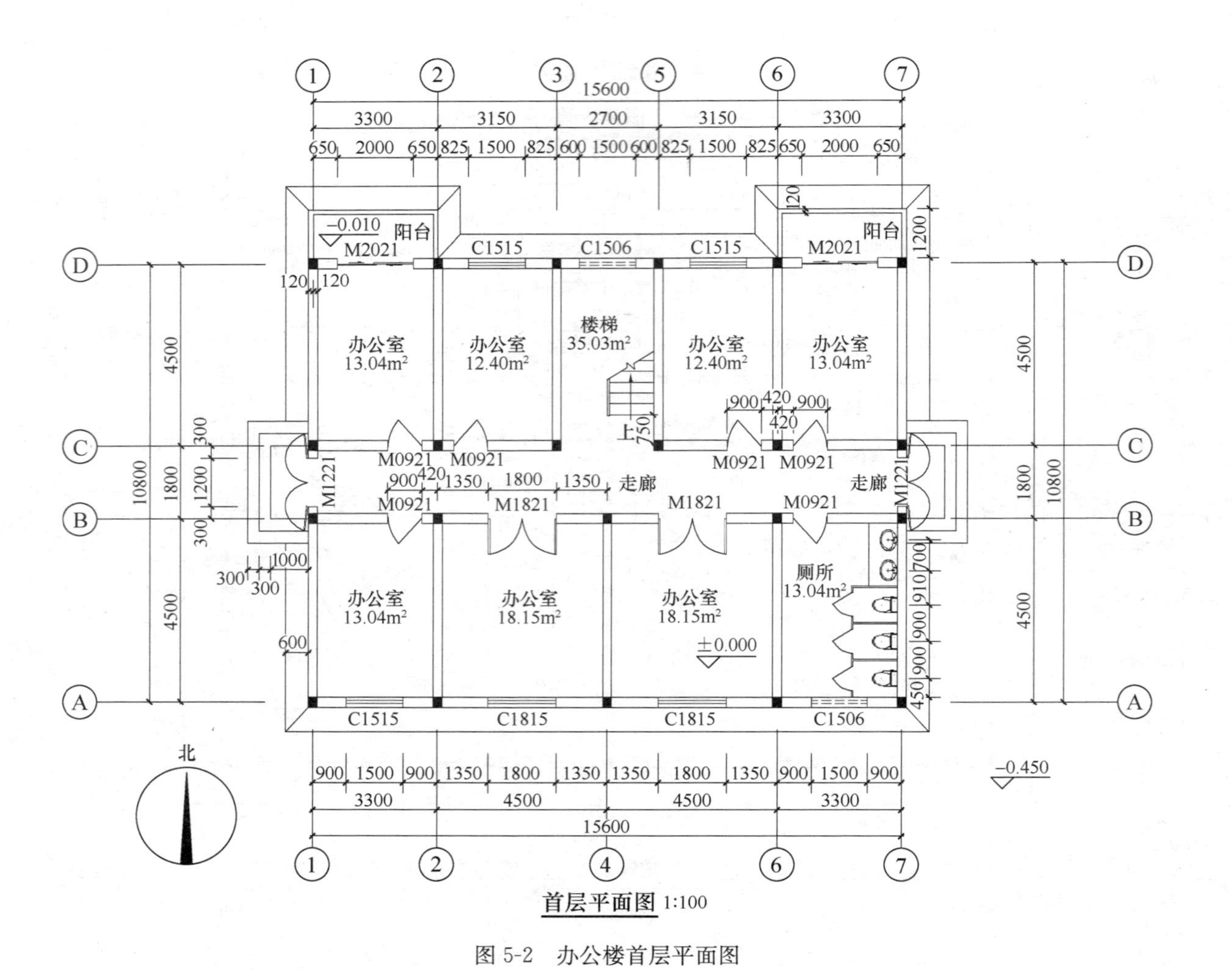

图 5-2 办公楼首层平面图

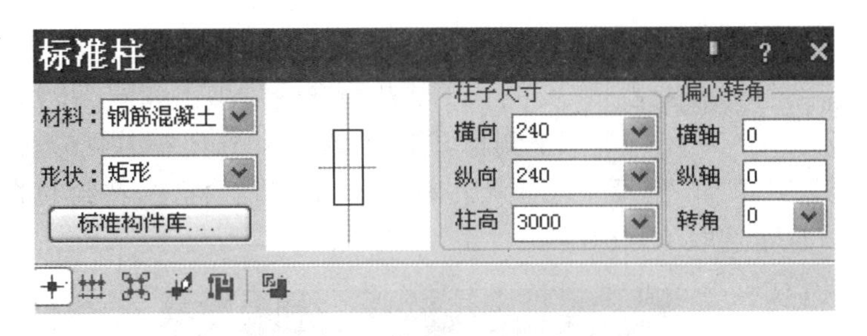

图 5-3　240×240 柱子参数设置

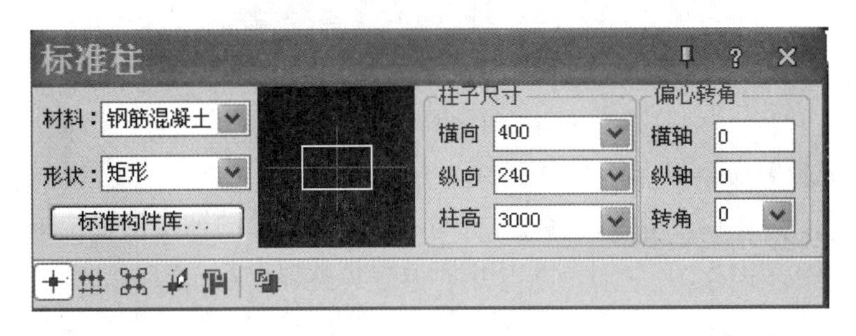

图 5-4　400×240 柱子参数设置

四、拓展任务

办公楼平面图轴线与墙体的绘制，参见图 5-2。

五、支撑任务的知识与技能

1. 绘制轴网命令

菜单：轴网柱子→绘制轴网
命令：HZZW

说明：执行命令后弹出如图 5-5 所示的对话框，按从下到上、从左到右的顺序进行绘制。

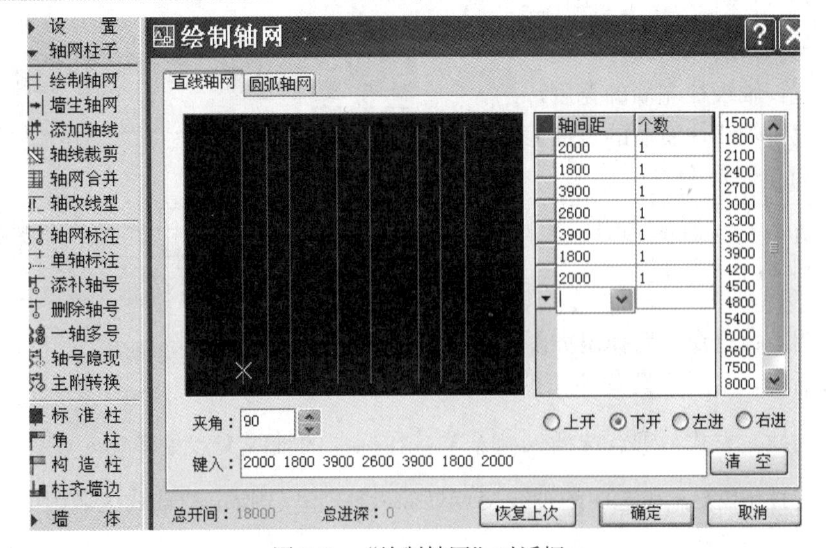

图 5-5　“绘制轴网”对话框

2. 轴网标注命令

菜单：轴网柱子→轴网标注 命令：ZWBZ

说明：执行命令后弹出如图5-6所示对话框，单侧标注按图的单个方向标注，双侧标注则按上下、左右两个同时进行标注，在绘制时为了便于后面的编辑，尽量选取单侧标注。

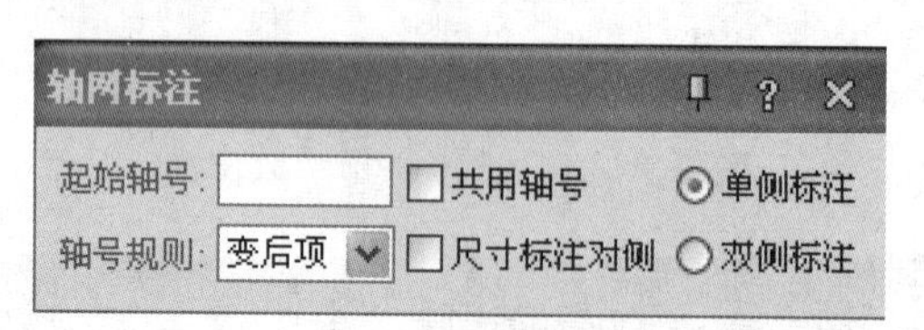

图5-6 “轴网标注”对话框

3. 轴线裁剪命令

菜单：轴网柱子→轴线裁剪 命令：ZXCJ

说明：在需要裁剪的轴线位置拉一个矩形框，框中的轴线将被裁剪掉。

4. 轴改线型命令

菜单：轴网柱子→轴改线型 命令：ZGXX

说明：轴线将在实线与点画线之间进行切换。

5. 单线变墙命令

菜单：墙体→单线变墙 命令：DXBQ

说明：先将轴线按墙的形状进行修剪，再使用该命令一次生成墙体。

6. 绘制墙体命令

菜单：墙体→绘制墙体 命令：HZQT

说明：绘制无规律的墙时，选用此命令，一段一段将墙绘制好，参数设置如图5-7所示。

高度：指墙体的高度；

左宽：轴线往左墙的宽度；

右宽：轴线往右墙的宽度。

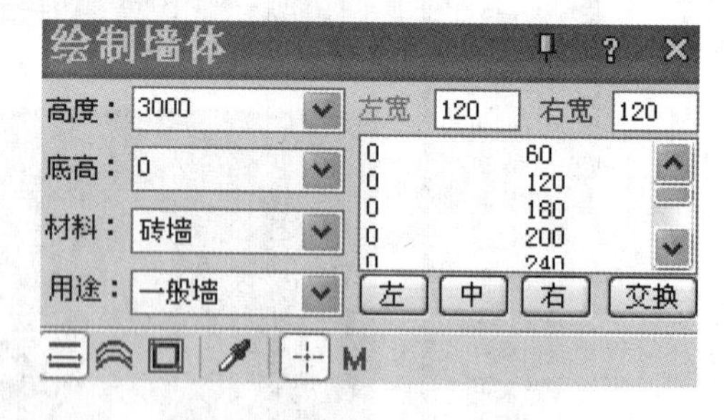

图5-7 绘制墙体

7. 标准柱命令

菜单：轴网柱子→标准柱 命令：BZZ

说明：执行命令后弹出如图5-3所示的对话框，在图中设置柱子的尺寸，选择柱的插入方式：①点选插入柱子：在标注的轴线交点处单击；②沿着一根轴线布置柱子：在选中的轴线交点处插入柱子；③指定的轴线区域内的轴线交点处插入柱子：在选中区域内的轴线交点处插入柱子。

8. 角柱命令

菜单：轴网柱子→角柱 命令：JZ

说明：执行命令后在墙角位置处单击，弹出图 5-8 转角柱参数，进行参数的设置。

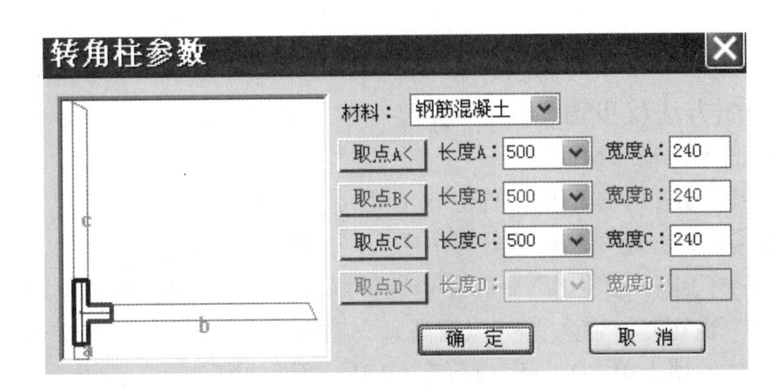

图 5-8　转角柱参数

9. 构造柱命令

菜单：尺寸标注→构造柱 命令：GZZ

说明：执行命令后在墙角位置处单击，弹出图 5-9 转角柱参数，进行参数的设置。

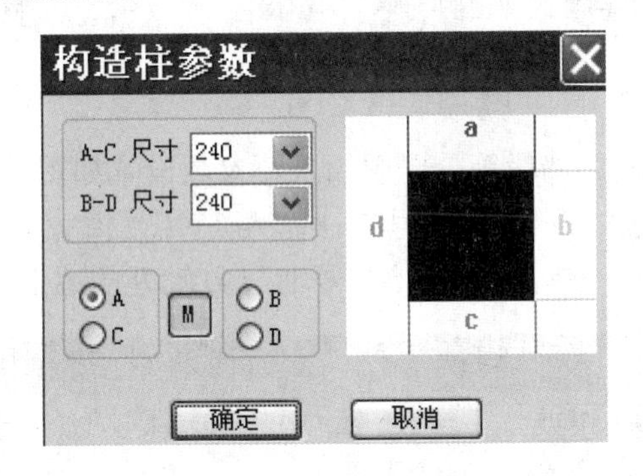

图 5-9　构造柱参数

任务 5.2　绘制 11 号楼一层平面图的门窗、尺寸标注、门窗表

一、任务布置与分析

首先插入 11 号楼一层平面图上的门窗，再进行门窗尺寸的标注，最后制作门窗表。

二、任务目标

通过完成本任务，掌握天正软件中的门窗插入、门窗标注、墙厚标注、逐点标注、门窗表命令的使用方法与技巧，并能运用视图观察命令观察所绘制图形的三维视图。

三、绘图方法及步骤

1. 插入普通门窗（MC）

(1) 打开任务 5.1 绘制的“任务 5.1.dwg”文件。

(2) 窗 C1815：使用墙段等分居中插入，参数设置如图 5-10 所示。

◆ 门窗→门窗→选“窗”→在左边选“墙段等分”插入→输入 C1815（编号）→输入 1800（窗宽）→输入 1500（窗高）→输入 900（窗台高）→单击（在 1、3 号轴与 D 轴处的墙上单击）→完成所有 C1815 类型的窗。

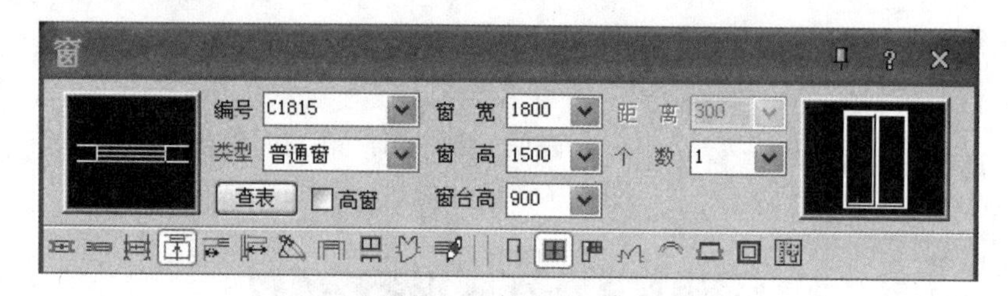

图 5-10　窗 C1815 参数设置

(3) 窗 C1515：使用墙段等分居中插入，参数设置如图 5-11 所示。

◆ 继续操作：输入 C1515（编号）→输入 1500（窗宽）→输入 1500（窗高）→输入 900（窗台高）→单击（在 3、5 号轴与 D 轴处的墙上单击）。

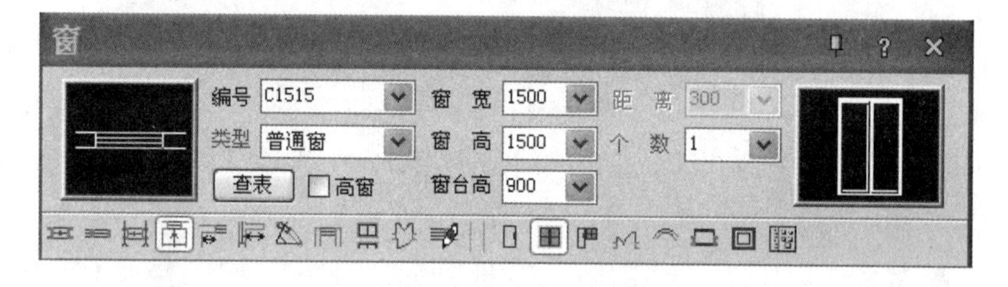

图 5-11　窗 C1515 参数设置

(4) 窗 C0909：使用墙段等分居中插入，参数设置如图 5-12 所示。

图 5-12　窗 C0909 参数设置

◆ 继续操作：勾选上高窗→输入 C0909(编号)→输入 900(窗宽)→输入 900(窗高)→输入 1600(窗台高)→单击(在 B、C 号轴与 1 号轴处的墙上单击)。

(5) 窗 C1215：使用轴线定距插入，参数设置如图 5-13 所示。

◆ 继续操作：在左边选“轴线定距”插入→输入 C1215（编号）→输入 1200（窗宽）→输入 1500（窗高）→输入 900（窗台高）→输入 200（距离）→单击（在 1、2 号轴与 A 轴处的墙上单击）→依次完成所有 C1215 类型的窗。

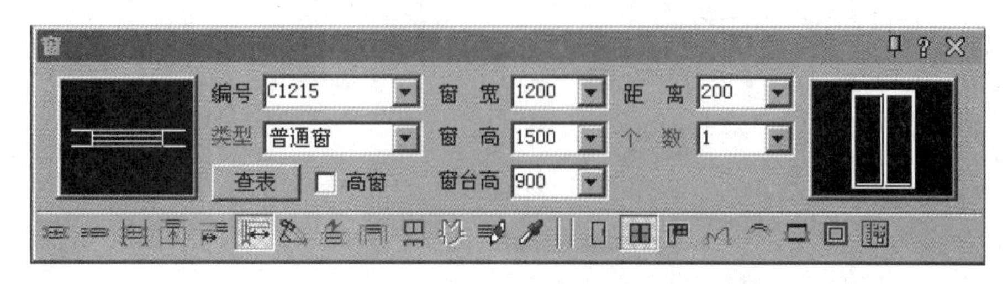

图 5-13 窗 C1215 参数设置

(6) 门 M0921：使用垛宽定距插入，参数设置如图 5-14 所示。

◆ MC（门窗）→选“门”→选“垛宽定距”插入→输入 M0921（编号）→输入 900（门宽）→输入 2100（门高）→输入 80（距离）→ 单击（在 C 轴与 3 轴处的墙上单击）→依次完成所有 M0921 类型的门。

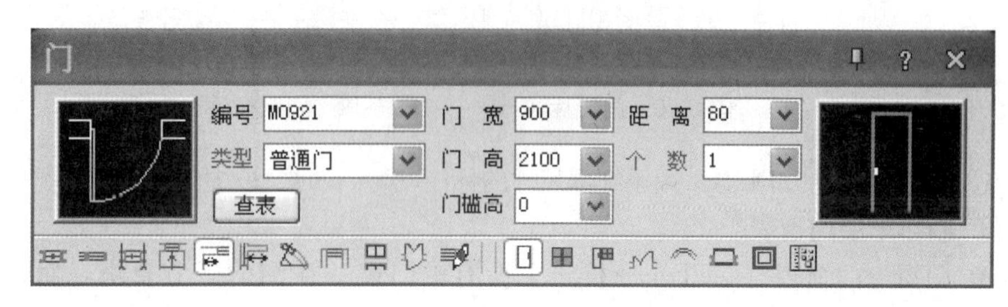

图 5-14 门 M0921 参数设置

其他平开门采用相同的方法插入。

(7) 门 TLM2424：使用墙段等分居中插入，参数设置如图 5-15 所示。

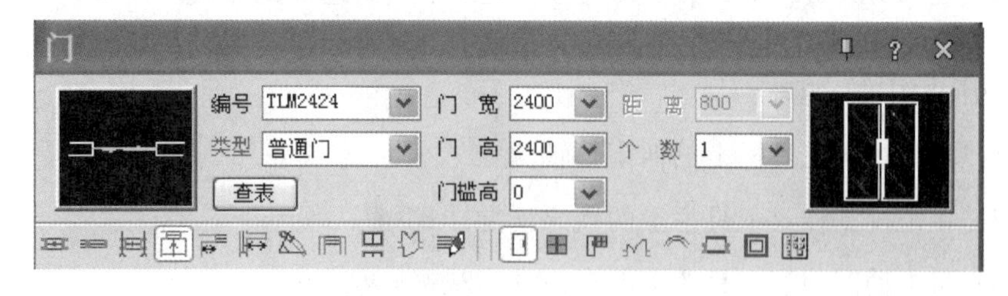

图 5-15 门 TLM2424 参数设置

◆ MC（门窗）→选“门”→选“墙段等分”插入→输入 TLM2424（编号）→输入 2400（门宽）→输入 2400（门高）→单击左边二维门图形→选择双扇推拉门（有前头）→ 单击右边的三维门 →选择不锈钢双扇门 4→单击（在 4、6 号轴与

A 轴处的墙上单击)。

其他门采用相同的方法插入。

2. 尺寸标注

(1) 门窗标注(MCBZ),进行外部尺寸的第一道尺寸线的标注(图 5-16)。

◆ 尺寸标注→门窗标注→在 A 点位置单击(起点)→在 B 点位置单击(终点)→在同一水平轴线上有门窗标注的墙上单击。

(2) 墙厚标注(QHBZ)

◆ 尺寸标注→墙厚标注→在图 5-17 上的 A 点位置单击(直线第一点)→在 C 点位置单击(直线第二点)。

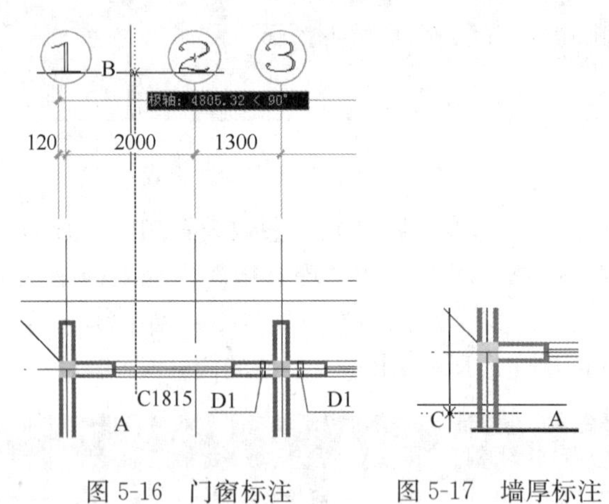

图 5-16 门窗标注　　图 5-17 墙厚标注

(3) 逐点标注(ZDBZ):用于细部尺寸的标注,与 AutoCAD 中的连续标注类似。

3. 制作单层门窗表

◆ 门窗→门窗表(MCB)→框选上所有的门窗→在图的下方单击,插入门窗表。

4. 视图(显示出视图,视觉样式,动态观察工具栏)

(1) 在 AutoCAD 任一个工具栏上右键单击→勾选视图。

(2) 在 AutoCAD 任一个工具栏上右键单击→勾选视觉样式。

(3) 在 AutoCAD 任一个工具栏上右键单击→勾选动态观察。

5. 用视图进行观察

(1) 单击视图工具栏上的西南等轴测。

(2) 单击视觉样式工具栏上的概念视觉样式。

(3) 单击动态观察工具栏上的自由动态观察。

6. 还原视图为平面图

(1) 单击视图工具栏上的俯视图。

(2) 单击视觉样式工具栏上的二维线框。

(3) 右键单击退出,退出自由动态观察。

7. 将文件保存为“任务 5.2.dwg”。

小技巧：(1) 打开文件的方法：先启动天正软件，在天正软件下打开文件。

(2) 打开天正屏幕菜单的方法：按“Ctrl+”键。

四、拓展任务

办公楼平面图门窗、柱子与尺寸的标注，如图 5-2 所示。

五、支撑任务的知识与技能

1. 门窗（MC）命令

菜单：门窗→门窗 命令：MC

说明：执行命令后，设置门窗参数，如图 5-18 所示。

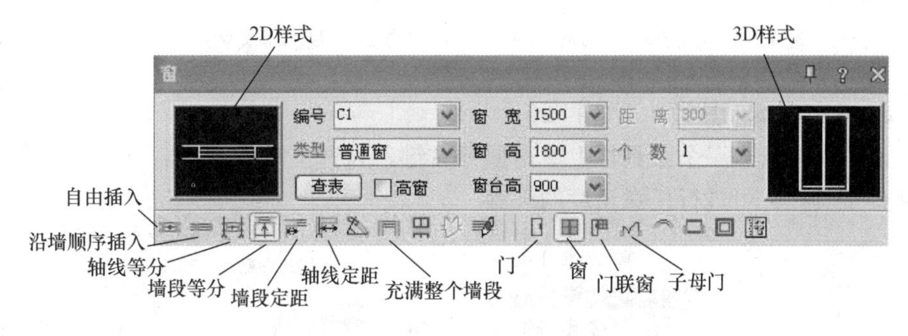

图 5-18 门窗参数

2. 尺寸标注命令

(1) 门窗标注命令

菜单：尺寸标注→门窗标注 命令：MCBZ

说明：执行命令后用线选第一、二道尺寸线及墙体。

(2) 墙厚标注命令

菜单：尺寸标注→墙厚标注 命令：QHBZ

说明：执行命令后，从起点到终点穿过要标注的墙体。

(3) 逐点标注命令

菜单：尺寸标注→逐点标注 命令：ZDBZ

说明：执行命令后，在要标注的第一点处单击，在第二点处单击，再点取尺寸位置。

3. 尺寸编辑命令

操作说明：在尺寸标注上单击鼠标右键，弹出如图 5-19 所示的尺寸编辑命令。在该命令上单击，则可进行尺寸的剪裁延伸、尺寸的取消、连接尺寸、尺寸打断等操作。

4. 视图工具栏

说明：在任意一个工具栏上单击鼠标右键，勾选上视图，弹出如图 5-20 所示的视图工具栏，可进行视图的切换。

5. 视觉样式工具栏

说明：在任意一个工具栏上单击鼠标右键，勾选上视觉样式，弹出图 5-21 视觉样式工具栏，可进行二维、三维线框的切换，真实视觉样式可进行体着色。

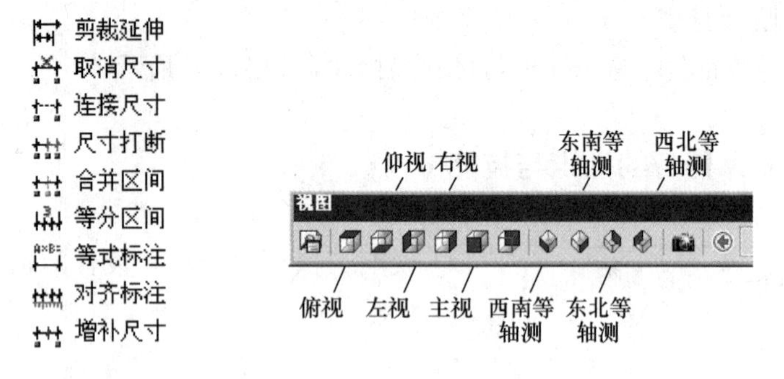

图 5-19　尺寸编辑命令　　　　图 5-20　视图工具栏

6. 动态观察工具栏

说明：在任意一个工具栏上单击鼠标右键，勾选上动态观察，弹出图 5-22 动态观察工具栏，可进行任意角度的观察。

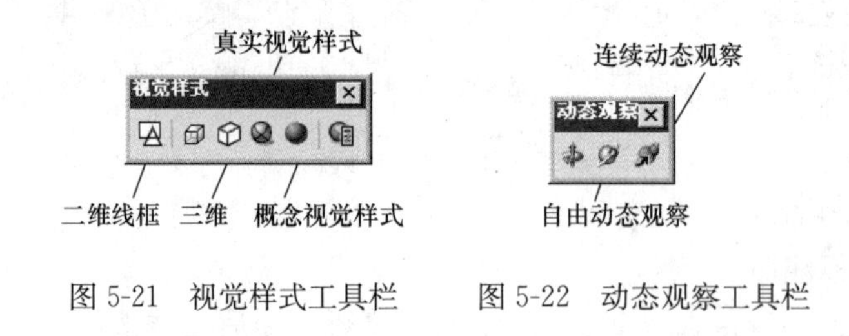

图 5-21　视觉样式工具栏　　　　图 5-22　动态观察工具栏

任务 5.3　11 号楼一层平面图房间、屋顶的绘制及文字标注

一、任务布置与分析

用搜索房间命令标注一层平面图中的文字，并生成三维楼板，双击文字，依次改为平面图中的房间名称，在卫生间中插入卫生洁具，按图 5-1 修改完成后，在绘制好的平面图上做一个双坡屋顶。

二、任务目标

通过完成本任务，掌握天正软件中的搜索房间、文字的标注、文字更改等命令的使用方法与技巧；掌握双坡屋顶的制作方法与技巧。

三、绘图方法及步骤

打开任务 5.2 绘制的“任务 5.2.dwg”图形。

1. 搜索房间（SSFJ）

◆（1）房间屋顶→搜索房间→按图 5-23 的参数设置→选择整个平面图→回车。

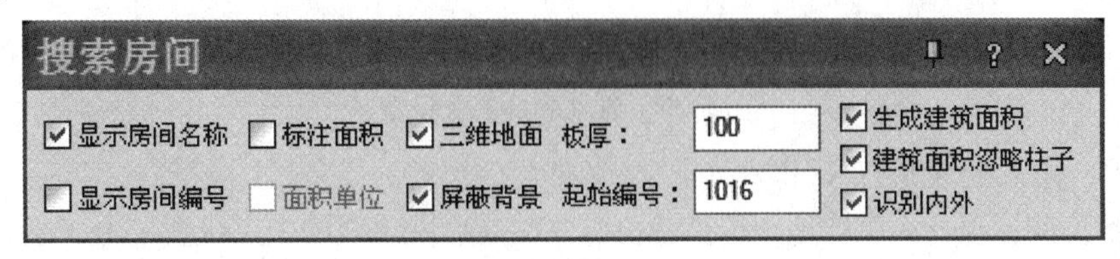

图 5-23　搜索房间

◆（2）双击文字→输入文字→依次将文字编辑完成。

◆（3）复制厨房二字，然后粘贴到餐厅，改为餐厅，用分解命令 X 分解餐厅文字。

2. 布置洁具（图中未说明的均采用默认值）

（1）在左边卫生间中插入 1 个大便器（离墙间距 300），一个洗脸盆。

◆ 房间屋顶→房间布置→布置洁具→双击图 5-24 中的洁具→参数设置如图 5-25 所示→在 C0909 所在的墙上单击→再次单击。

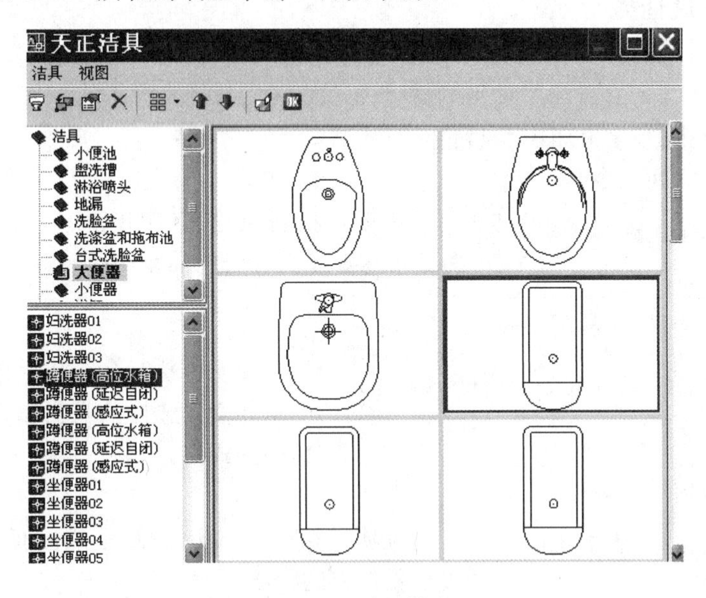

图 5-24　洁具样式

（2）在厨房绘制一个 300×300 的烟道。

3. 建立人字坡顶（双坡屋顶）

（1）搜屋顶线（SWDX）

◆ 房间屋顶→搜屋顶线→选择整个平面图→回车→回车（偏移外皮距离用 600）。

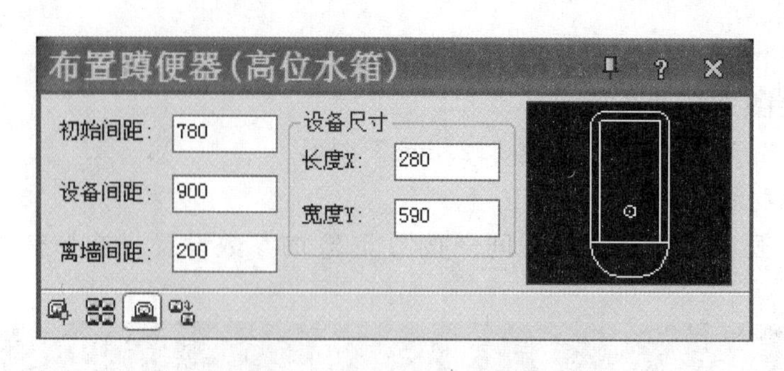

图 5-25　插入洁具参数设置

(2) 作人字坡顶（RZPD）

◆ 房间屋顶→人字坡顶→选择屋顶线→在左边屋顶线的中点位置单击（屋脊线的起点）→在右边屋顶线的中点位置单击（屋脊线的终点）→6720（屋脊标高）→确定。

(3) 墙齐屋顶（QQWD）

◆ 墙体→墙齐屋顶→选择屋顶→回车→选择墙或柱→回车。

4. 文字标注

(1) 文字表格→单行文字→输入文字→在需要插入文字处单击。

(2) 文字表格→多行文字→输入文字→在需要插入文字处单击。

5. 将文件保存为“任务 5.3.dwg”。

四、拓展任务

办公楼平面图门窗的绘制，如图 5-2 所示。

五、支撑任务的知识与技能

1. 搜索房间命令

菜单：房间屋顶→搜索房间 命令：SSFJ

说明：执行命令后弹出如图 5-23 所示对话框，将参数设置好后选择要标注的对象。

2. 布置洁具命令

菜单：房间屋顶→房间布置→布置洁具 命令：BZJJ

说明：执行命令后生成如图 5-24 所示界面，选择洁具类型，再选择洁具的样式。

3. 搜屋顶线命令

菜单：房间屋顶→搜屋顶线 命令：SWDX

说明：执行命令选择要生成屋顶线的图形，再设置偏移的距离。

4. 人字坡顶命令

菜单：房间屋顶→人字坡顶 命令：RZPD

说明：执行命令后选择要生成屋顶线的多段线，单击屋脊线的起点与终点，在弹出的人字坡顶中设置参数，点击确定即可生成人字坡顶。

5. 任意坡顶命令

菜单：房间屋顶→任意坡顶
命令：RYPD

说明：执行命令后选择要生成屋顶线的多段线，输入屋顶的坡度与出檐长。

6. 墙齐屋顶命令

菜单：墙体→墙齐屋顶
命令：QQWD

说明：除了使用菜单与命令两种方法调出墙齐屋顶命令，还有一种方法可以启动该命令，在屋顶线上单击鼠标右键，选择“墙齐屋顶”，使用命令后可以将山墙延伸至与屋顶平齐。

7. 单行文字命令

菜单：文字表格→单行文字
命令：DHWZ

说明：执行命令后弹出如图 5-26 所示对话框，在文字列表框中输入文字，设置文字样式、对齐方式及字高，在要插入文字的位置处单击。

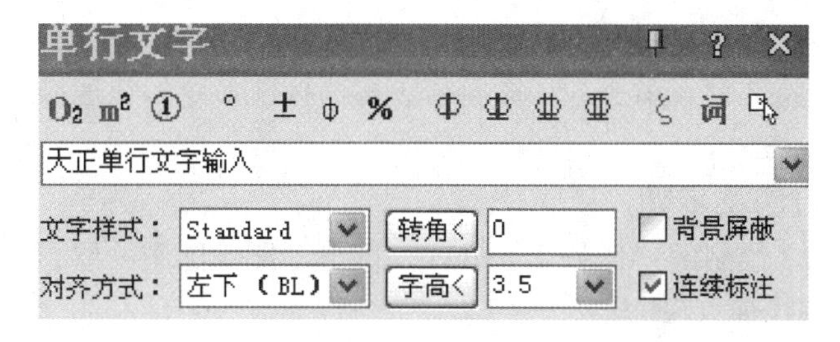

图 5-26　单行文字

8. 多行文字命令

菜单：文字表格→多行文字
命令：DHWZ

说明：执行命令后在文字位置处单击，拉一个文字框，弹出如图 5-27 的对话框，在文字输入区输入，设置好文字样式、对齐方式及字高，单击确定。

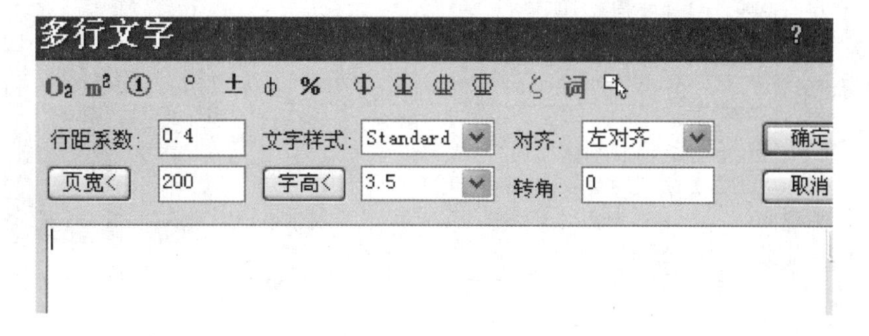

图 5-27　多行文字

9. 布置隔断命令

菜单：房间屋顶→房间布置→布置隔断
命令：BZGD

说明：在布置多个卫生洁具后可用隔断隔开，执行命令后单击起点，再单击终点，起点到终点要穿过所有要布置的洁具。

任务 5.4　11 号楼一层平面图室内外设施与符号标注的绘制

一、任务布置与分析

室内外设施包括楼梯、电梯、阳台、坡道、散水等。在插入楼梯、阳台、散水时要处理一些关联数据。本任务中要完成的符号标注有剖切符号、指北针、箭头、详图符号、标高标注等。利用天正软件可快捷地完成本任务。

二、任务目标

通过完成本任务，学习天正软件中楼梯、阳台、散水命令的使用方法与技巧；学习剖切符号、指北针、箭头、详图符号、标高标注命令的快速操作方法与技巧。

三、绘图方法及步骤

打开任务 5.3 绘制的“任务 5.3.dwg”图形，删除图中的屋顶。

1. 插入双跑楼梯（SPLT）

◆ 楼梯其他→双跑楼梯→在图 5-28 中设置双跑楼梯的参数→20（踏步总数）→10（一跑步数）→2360（梯间宽）→100（井宽）→右（上楼位置）→1550（平台宽度）→首层（层类型）→输入 D（上下翻）→在楼梯间的左下角点单击。

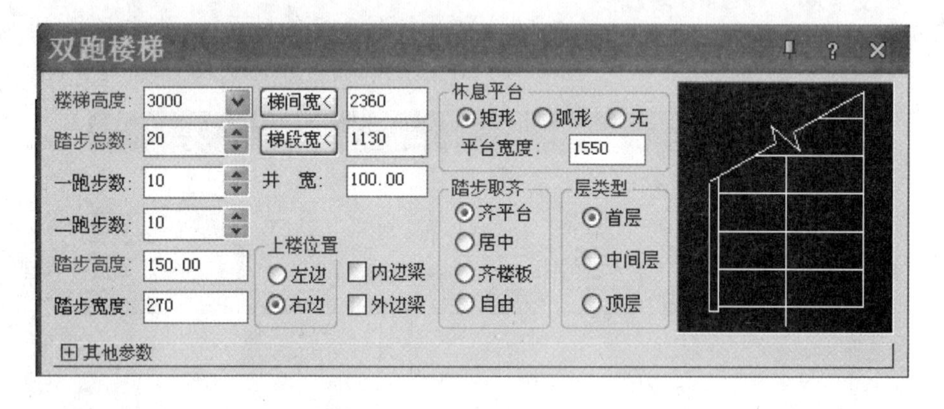

图 5-28　“双跑楼梯”对话框

2. 绘制楼梯右边的阳台（YT）

◆ 楼梯其他→阳台→选择阴角阳台→在图 5-29 中设置阳台的参数→在 A 点的位置单击（图 5-30）→在 B 点的位置单击。

3. 使用直线梯段（ZXTD）在楼梯间插入 6 个踏步。

◆ 楼梯其他→直线楼段→在图 5-31 中设置直线梯段的参数→输入 T（改基

点）→在梯段的左上角点单击→在 M 点单击（图 5-32）。

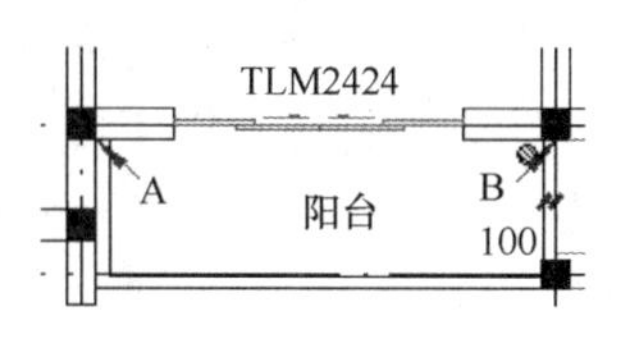

图 5-29 “绘制阳台”对话框　　图 5-30 阳台的绘制

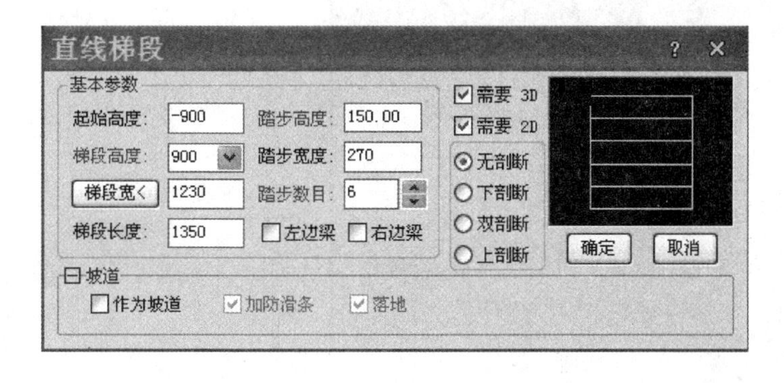

图 5-31 “直线梯段”对话框　　图 5-32 直线梯段效果

4. 散水（SS）

◆ 楼梯其他→散水→在图 5-33 中设置散水的参数→沿着外墙进行绘制→回车。

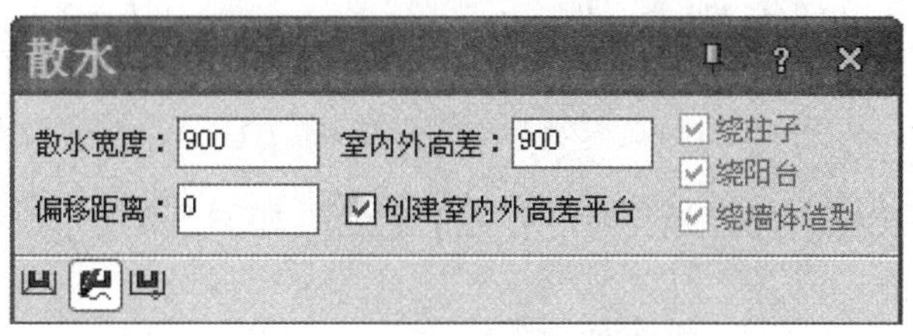

图 5-33 “散水”对话框

5. 符号标注

（1）±0.000 的标注使用标高标注（BGBZ）

◆ 符号标注→标高标注→勾选“手工输入”→在楼层标高下输入“0.000”→在过道处单击→选中“标高方向”后单击，效果如图 5-34 所示。

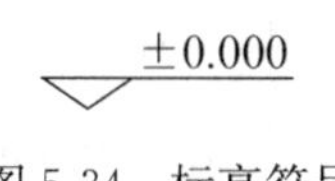

图 5-34 标高符号

（2）画指北针（HZBZ）

◆ 符号标注→画指北针→ 在图上单击→ 在指向北的方向单击。

（3）图名标注（TMBZ）

◆ 符号标注→图名标注→输入一层平面图→在图名的位置单击。

（4）剖面剖切（PMPQ）

◆ 符号标注→剖面剖切→输入 1（剖切编号）→回车→在第一个剖切点单击（在 D 轴 C1515 上方）→在第二个剖切点单击（鼠标垂直向下，在阳台处）→回车→在左方单击（剖视方向）。

（5）索引符号（SYFH）

◆ 符号标注→索引符号→在图 5-35 中设置“索引符号”的参数→在需索引的位置 N 点处单击（图 5-36）→在需转折的位置处单击→在放置文字的位置处单击→回车，结果如图 5-36 所示。

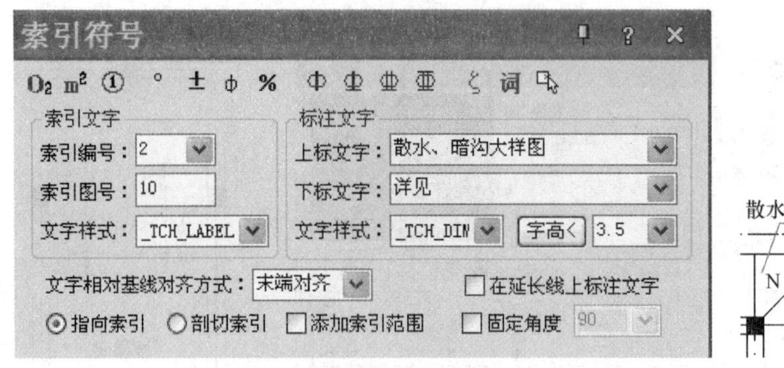

图 5-35 “索引符号”对话框　　　图 5-36 引出标注

6. 图框

◆ 文件布图→插入图框→设置图框的参数→在图上单击。

7. 图形检查：检查图形有无错误的地方，有错的地方进行图纸的更正，最后将文件另存为“一层平面图 . dwg”。

四、拓展任务

办公楼平面图室内外设施与符号标注的绘制，如图 5-2 所示。

五、支撑任务的知识与技能

1. 楼梯和电梯

楼梯和电梯是连接上、下楼层之间的垂直交通设施。楼梯的样式很多，如单跑楼梯、双跑楼梯、多跑楼梯等。

（1）直线梯段命令

菜单：楼梯其他→直线梯段 命令：ZXTD

说明：执行命令后弹出如图 5-31 所示对话框，设置直线梯段参数后在插入梯段的位置单击。

（2）圆弧梯段命令

菜单：楼梯其他→圆弧梯段 命令：YHTD

说明：执行命令后弹出如图 5-37 所示对话框，设置圆弧梯段参数后在插入圆弧梯段的位置单击。

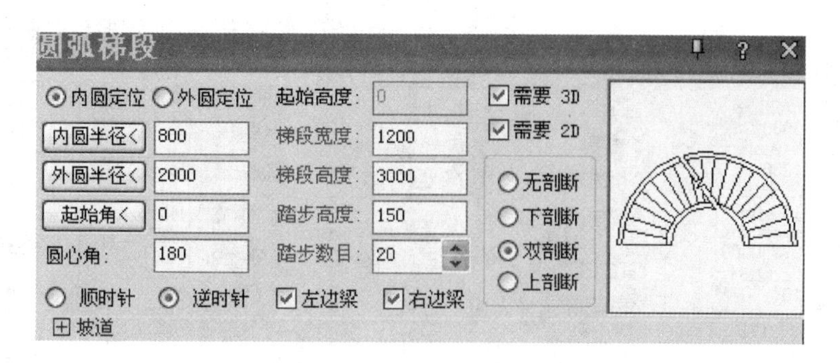

图 5-37 “圆弧梯段”对话框

(3) 任意梯段命令

菜单：楼梯其他→ 任意梯段 命令：RYTD

说明：任意梯段需要将梯段的模型先绘制出来，再执行命令后选择左侧边线与右侧边线。

(4) 添加扶手命令

菜单：楼梯其他→ 连接扶手 命令：TJFS

说明：该命令可以上楼方向的多段线路径为基线，生成楼梯扶手，放置在梯段上的扶手，可以遮挡梯段，也可被梯段的剖切线剖断。

(5) 双跑楼梯命令

菜单：楼梯其他→ 双跑楼梯 命令：SPLT

说明：执行命令后弹出如图 5-28 所示对话框，设置双跑楼梯参数后在插入梯段的位置单击，图 5-38 为双跑楼梯的二维平面与三维视图。

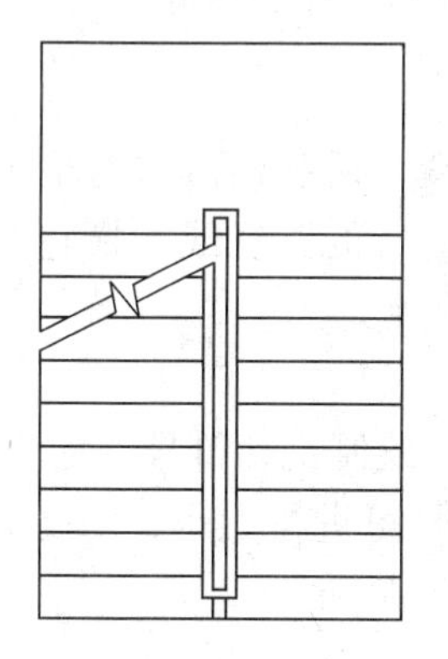
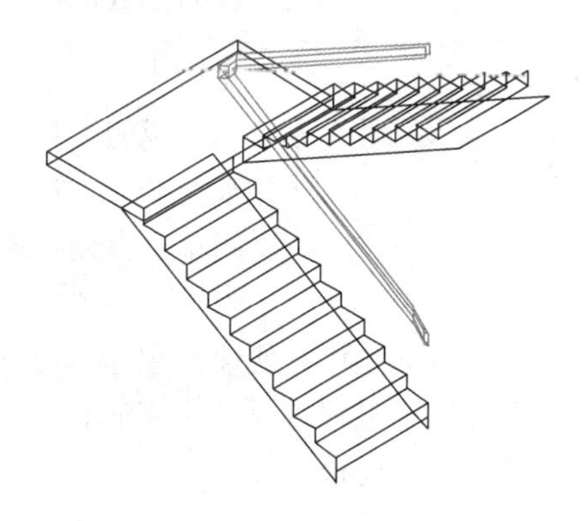

图 5-38 双跑楼梯二维平面与三维视图

(6) 多跑楼梯命令

菜单：楼梯其他→ 多跑楼梯 命令：DPLT

说明：执行命令后弹出如图 5-39 所示对话框，设置多跑楼梯参数后在插入梯段的位置单击。

(7) 电梯命令

菜单：楼梯其他→ 电　　梯 命令：DT

说明：执行命令后弹出如图 5-40 所示对话框，设置电梯参数后在需插入电梯的位置单击。

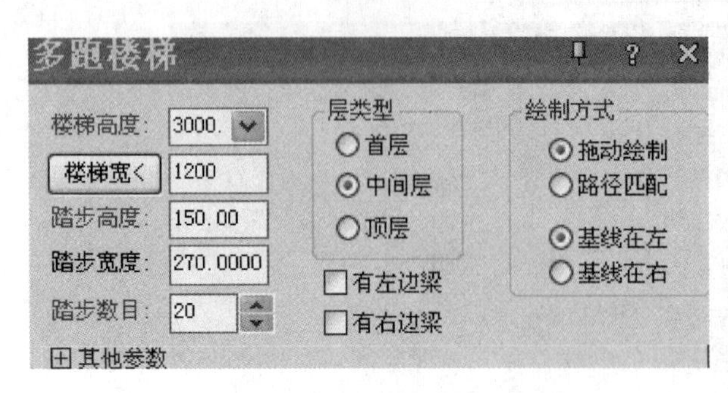

图 5-39 “多跑楼梯”对话框

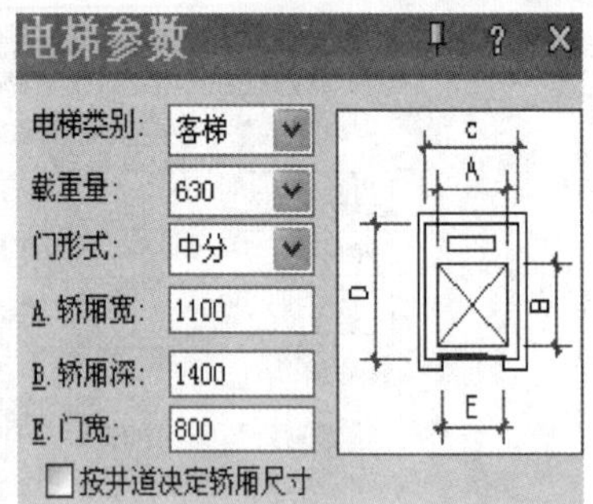

图 5-40 “电梯参数”对话框

2. 室外设施

(1) 阳台命令

菜单：楼梯其他→阳　台 命令：YT

说明：执行命令后弹出如图 5-29 所示对话框，设置阳台参数后在插入阳台的位置单击。

(2) 台阶命令

菜单：楼梯其他→台　阶 命令：TJ

说明：执行命令后弹出台阶对话框，设置台阶参数后在插入台阶的位置单击。

(3) 坡道命令

菜单：楼梯其他→坡　道 命令：PD

说明：执行命令后弹出坡道对话框，输入坡道的参数，在插入坡道的位置单击。

(4) 散水命令

菜单：楼梯其他→散　水 命令：SS

说明：执行命令后弹出散水对话框，设置散水的参数，选择已有的路径或选择整个平面图后回车，自动生成散水。

3. 符号标注

天正软件的符号标注可方便地标注标高符号，绘制剖切符号、指北针、箭头、详图符号、引出标注等工程符号，天正软件的符号可进行大小、字高等参数的适当调整，以满足规范的要求。

(1) 动态与静态开关

动态标注：对坐标符号进行移动、复制后坐标数值可随目标点的坐标位置动态获得。

静态标注：对坐标符号进行移动、复制后坐标数值不随目标点的坐标位置的改变而改变，保留原有数值。

(2) 标高标注命令

菜单：符号标注→标高标注 命令：BGBZ

说明：执行命令后弹出如图 5-41 所示对话框，设置标高的参数，在需要标注的位置单击。

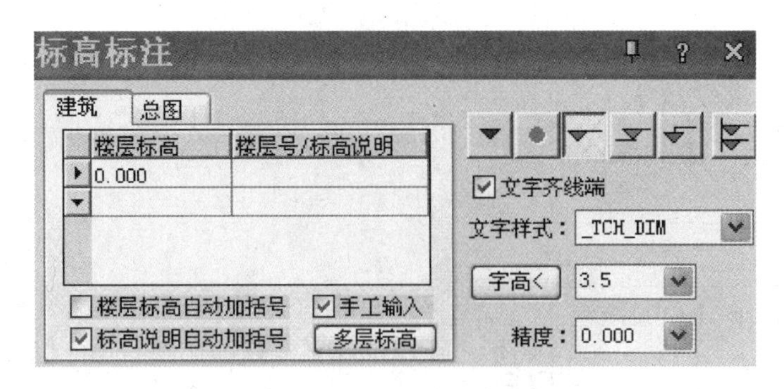

图 5-41　“标高标注”对话框

（3）箭头引注命令

菜单：符号标注→箭头引注 命令：JTYZ

说明：执行命令后弹出箭头引注对话框，按规范设置参数，在需要引注的位置单击。

（4）引出标注命令

菜单：符号标注→引出标注 命令：YCBZ

说明：执行命令后弹出引出标注对话框，按规范设置参数，在需要引注的位置单击。

（5）做法标注命令

菜单：符号标注→做法标注 命令：ZFBZ

说明：执行命令后在弹出做法标注对话框，按规范设置参数，在需要做法标注的位置单击。

（6）索引符号命令

菜单：符号标注→索引符号 命令：SYFH

说明：执行命令后弹出如图 5-42 所示对话框，在索引文字栏输入索引编号与图号，在上标注文字与下标注文字栏输入要标注的文字，设置完后在需要索引符号的位置单击。

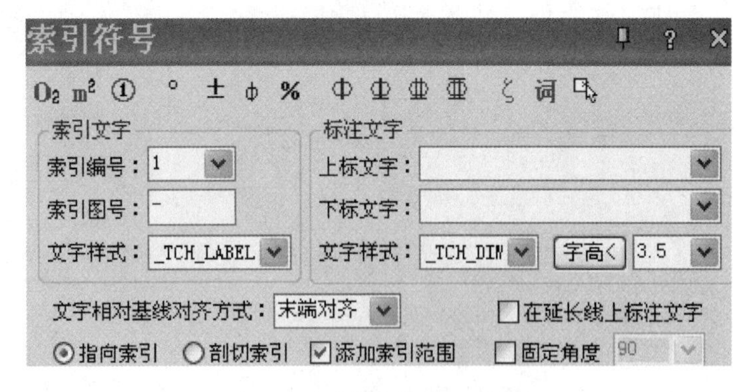

图 5-42　“索引符号”对话框

（7）剖面剖切命令

菜单：符号标注→剖面剖切 命令：PMPQ

说明：执行命令后在命令栏输入剖切编号，在图上需要剖切的位置单击第一个剖切点后根据

提示再往下单击，到最后一个剖切点时回车结束，再点取剖视方向。

（8）画指北针命令

菜单：符号标注→画指北针 命令：HZBZ

说明：执行命令后在需要指北针的位置单击。

（9）图名标注命令

菜单：符号标注→图名标注 命令：TMBZ

说明：执行命令后弹出如图 5-43 所示对话框，按规范设置参数，在图名标注位置处单击。

图 5-43 “图名标注”对话框

项目6

某小区11号楼三维建筑模型图的制作

【项目概述】

本项目需要绘制的平面图，除了一层平面图，还包括二层、三～六层平面图与屋面平面图。本项目介绍通过已绘制的一层平面图，快速绘制其他楼层的平面图。在天正软件中，将平面图绘制完后，才能快速绘制三维建筑模型图、立面图与剖面图。

【项目目标】

1. 识图，读懂所绘制的施工图中所有平面图的承接关系；
2. 在一层平面图的基础上绘制二层、三～六层平面图，培养快速编辑图形的能力；
3. 在三～六层平面图的基础上绘制屋面平面图，培养快速编辑图形的能力与识图能力；
4. 在屋面平面图的基础上绘制楼梯间屋面平面图，培养快速编辑图形的能力；
5. 制作楼层表，进行三维组合，查看该楼的三维外观效果，培养学生的三维空间想象能力。

任务6.1　绘制11号楼二层、三～六层与屋面平面图

一、任务布置与分析

在一层平面图的基础上，绘制二层平面图，依据二层平面图绘制三～六层平

面图、屋面平面图、楼梯间屋面平面图。通过不同楼层平面图的绘制，读懂各楼层图纸的承接关系，熟练运用 AutoCAD 命令中的复制、移动等命令快速编辑图形。样图如图 6-1～图 6-3 所示。

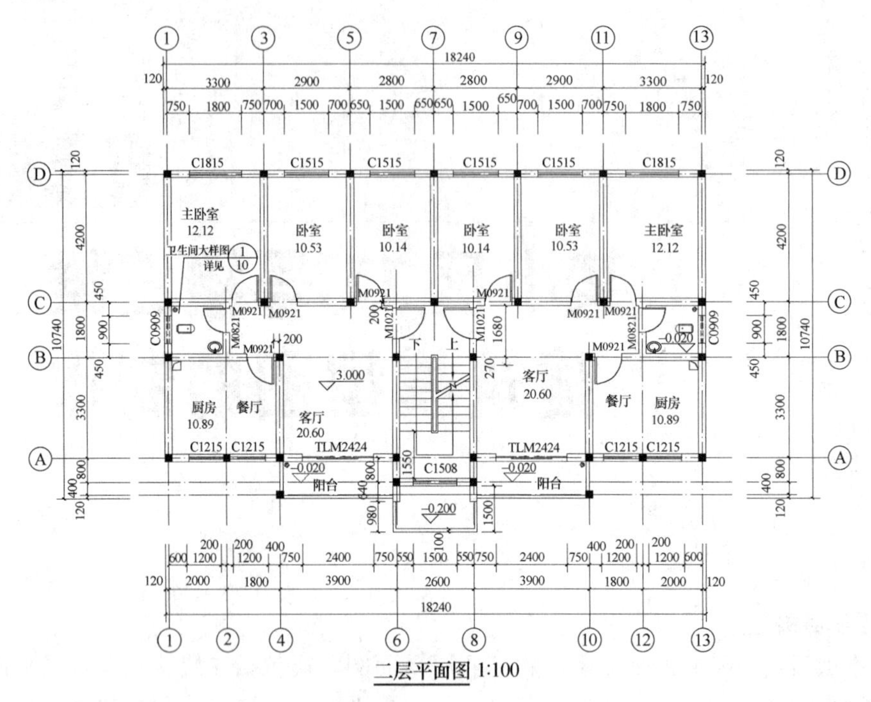

图 6-1 11 号楼二层平面图

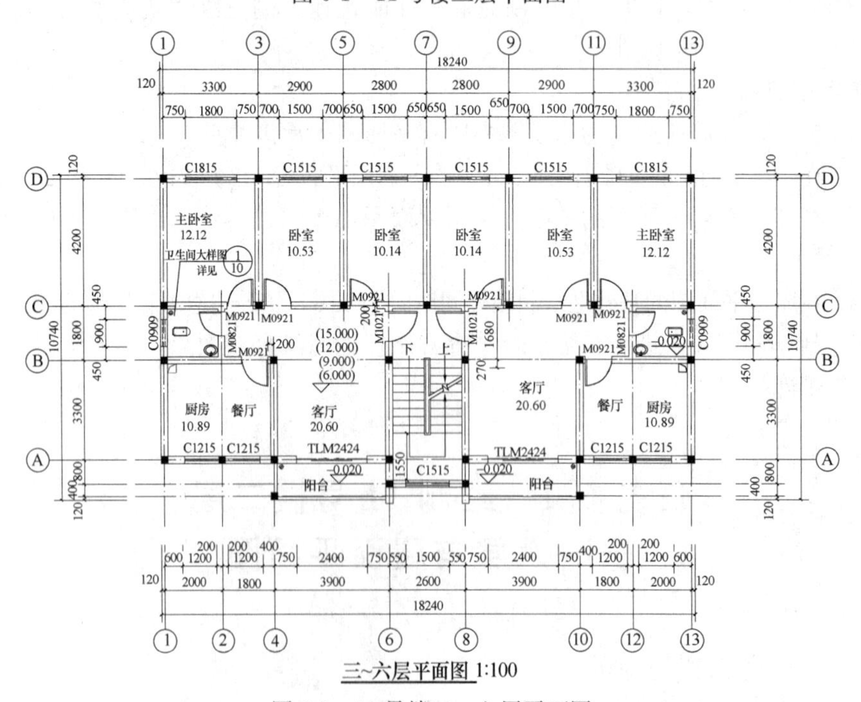

图 6-2 11 号楼三～六层平面图

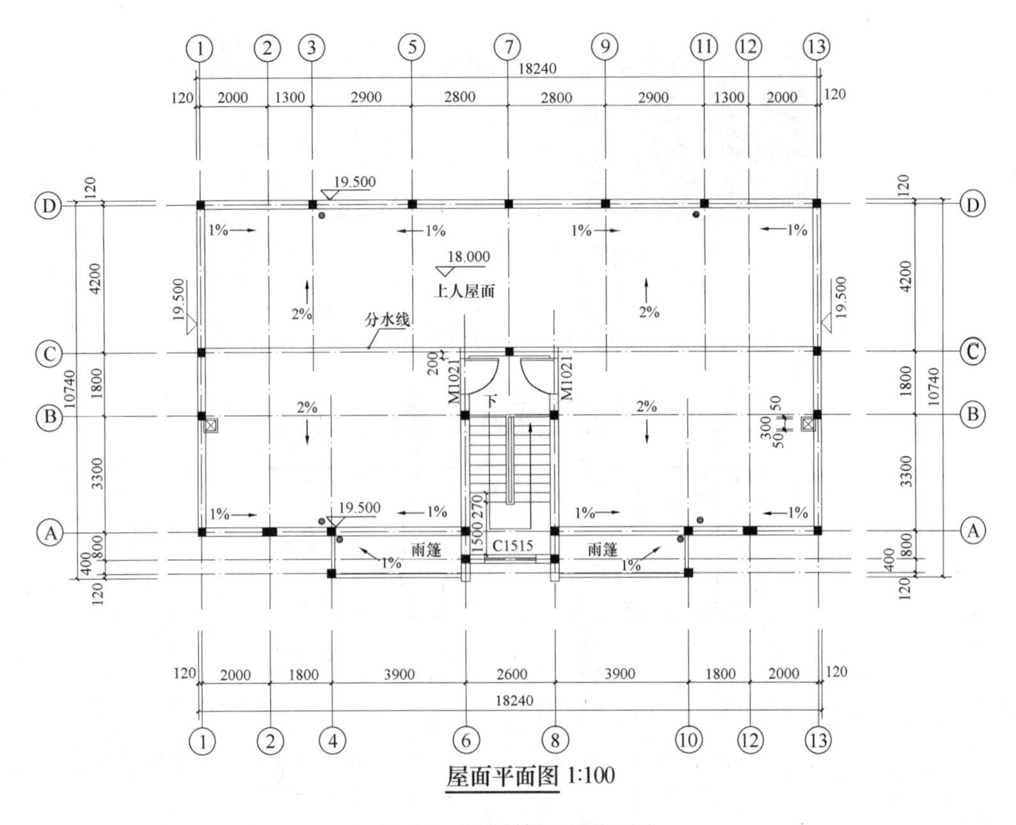

图 6-3　11 号楼屋面平面图

二、任务目标

在完成本任务的同时，快速读图并熟练运用天正与 AutoCAD 软件中的命令，培养快速编辑图形的能力。

打开任务 5.4 的“一层平面图 . dwg”文件，检查图层，若有锁定的图层，则全部解锁。

1. 二层平面图的绘制

（1）复制一层平面图用作二层平面图。

（2）修改二层平面图中的内容。

修改图名（将图名中的“一”改为“二”），删除指北针，删除 M1521 处的线条与“1%”文字，删除散水与内外高差，删除 M1521（在该位置插入 C1508），删除楼梯间的 6 个踏步。

（3）将首层平面图的楼梯修改成中间层平面图的楼梯

◆ 选择楼梯→出现夹点后单击右键→选择“对象编辑”→在“层类型”下选择“中间层”。

（4）在 C1508 处插入雨篷，用阳台命令绘制。

◆ 楼梯其他→阳台→参数按图 6-4 设置→ 在图 6-5 处的 A 点单击（即 6 号轴与楼梯外墙交点处）→单击 B 点。

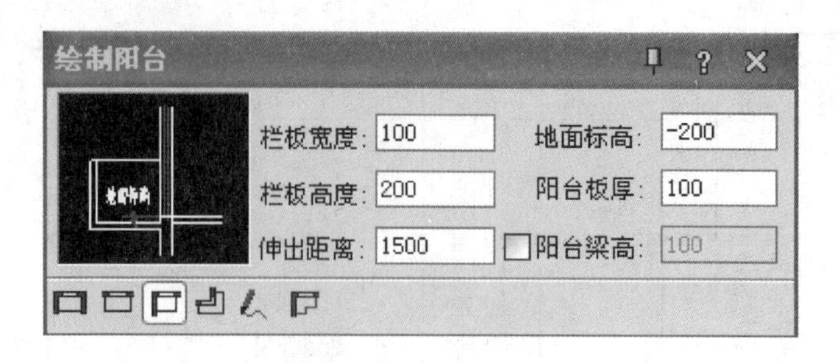

图 6-4 雨篷参数设置

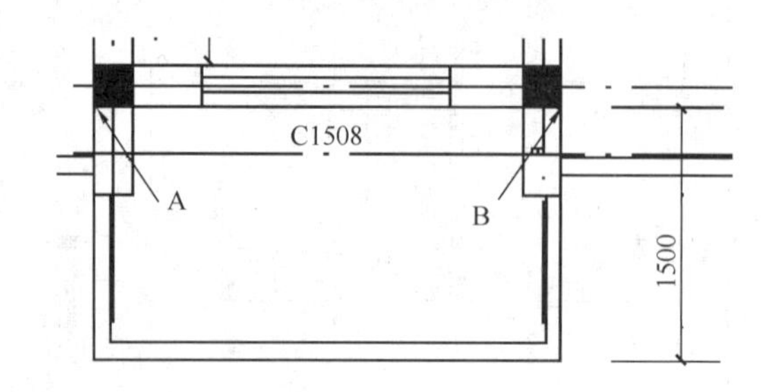

图 6-5 雨篷效果图

(5) 将层高“±0.000”改成“3.000”。

◆ 在文字“±0.000”上双击→输入文字“3.000”→回车（此处回车不能用空格键代替）。

2. 三～六层平面图的绘制

(1) 复制二层平面图用作三～六层平面图。

(2) 修改三～六层平面图中的内容。

修改图名（将“二”改成“三～六”），删除雨篷。

(3) 将 C1508 修改成 C1515。

◆ 在窗 C1508 上右键单击→选“对象编辑”→在图 6-6 的“窗”对话框的编号下拉列表框中选择“C1515”→单击“确定”→输入 N。

图 6-6 窗 C1515 参数设置

(4) 修改层高

◆ 在文字“3.000”上右键单击→选择“对象编辑”→在图 6-7 的“标高标注”对话框中设置参数→单击“确定”按钮→回车（此处回车不能用空格键代替），效果如图 6-8 所示。

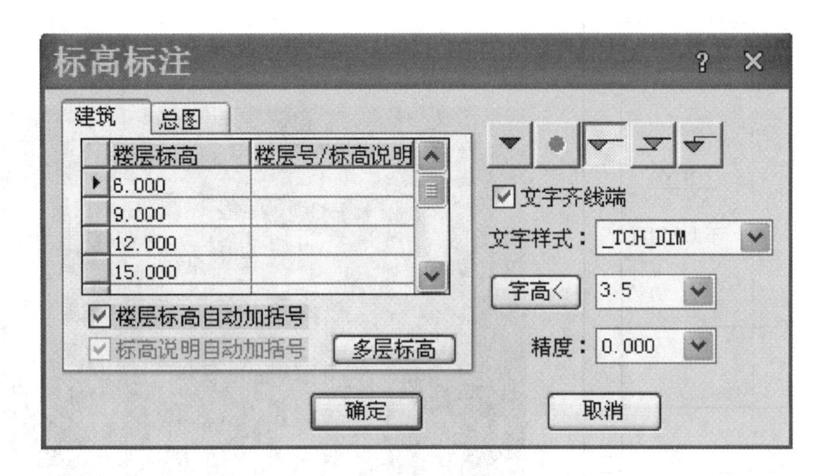

图 6-7　标高符号参数设置

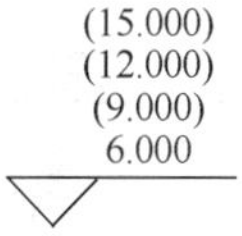

3. 屋面平面图的绘制

(1) 复制三～六层平面图用作屋面平面图，锁定轴线图层。

(2) 除了楼梯间与女儿墙不删除，其他都删除。

(3) 修改女儿墙的高度，改成 1500；将阳台的高度改为 200。

(4) 将轴线图层解锁。

(5) 参照图 6-3 屋面平面图进行编辑，另存为“11 号楼 . dwg”文件。

(15.000)
(12.000)
(9.000)
6.000

图 6-8　标高效果图

三、拓展任务

办公楼其他楼层平面图的绘制。

参照图 5-2 某办公楼首层平面图进行绘制，设计生成其他楼层平面图，文件命名为“办公楼平面图 . dwg”。

四、支撑任务的知识与技能

本任务的重点在快速编辑图形，所用到的知识在前面的项目已经介绍，此处省略。

任务 6.2　某小区 11 号楼三维建筑模型图的绘制 *

一、任务布置与分析

继续修改各个楼屋的平面图，绘制楼梯间屋面平面图，如图 6-9 所示，使用文件布图中的工程管理，创建一个工程文件，制作楼层表，创建某小区 11 号楼的三维建筑模型图，如图 6-10 所示。

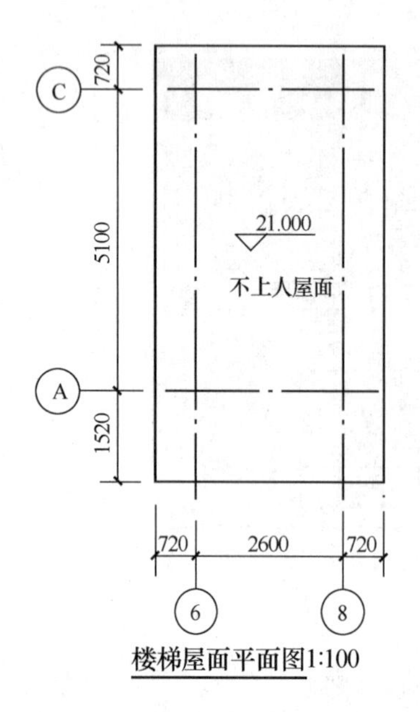

图 6-9　楼梯屋面平面图

图 6-10　11 号楼建筑模型图

二、任务目标

识读平面图，熟练编辑所绘制的平面图，掌握图形切割的方法，掌握生成板的方法与技巧；熟练创建工程文件、生成楼层表、进行三维组合等。

三、绘图方法及步骤

打开任务 6.1 的“11 号楼 . dwg”文件。

1. 楼梯间屋面平面图的绘制

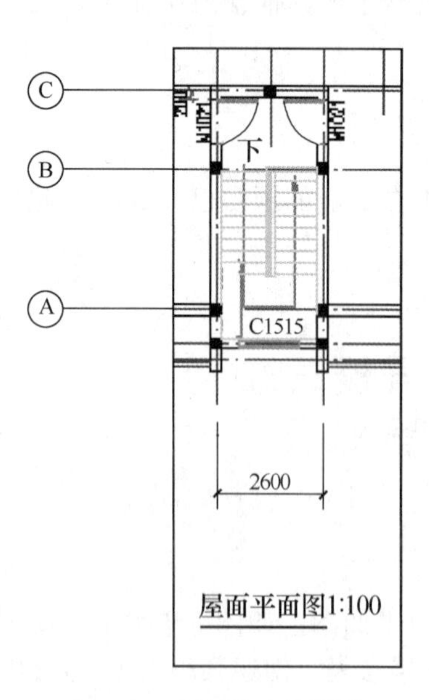

图 6-11　切割出来的图形

（1）在屋面平面图中将楼梯间切割出来

◆ 文件布图→图形切割→框选中要切割的楼梯间与图名→在空白的位置单击，切割出的图形如图 6-11 所示。

（2）将图名“屋面平面图 1∶100”修改为“楼梯屋面平面图 1∶100”。

（3）沿着楼梯间的外墙绘制一个矩形，然后向外偏移 600。

（4）除偏移出来的矩形、轴线及轴线标注和图名不删除，其他都删除，进行图形编辑，效果如图 6-9 所示。

（5）绘制板

◆ 三维建模→造型对象→平板→选中矩形→回车（点取不可见的边）→100→回车。

（6）文件以原名保存。

2. 创建一个工程文件，制作楼层表，并生成三维图

(1) 新建一个工程文件。

◆单击“文件布图”→在“工程管理”对话框中的第一个下拉列表框中单击→选择“新建工程”(图 6-12) →输入“11”→保存。

(2) 创建楼层表。

◆ 单击“楼层”→在楼层表中创建图 6-13 中的数据。

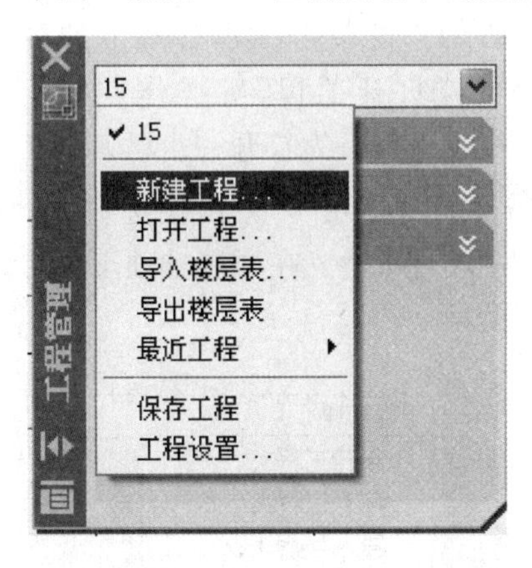

图 6-12　新建工程

层号	层高	文件
1	3000	11号楼<框选>
2	3000	11号楼<框选>
3~6	3000	11号楼<框选>
7	3000	11号楼<框选>
8	0	11号楼<框选>

图 6-13　楼层表

具体创建方法如下：

◆ 1 (输入层号) →光标放在 1 层后的文件下→单击 (在当前图中框选图形范围) →单击第 1 个角点 (一层平面图所在的左上方) →单击另 1 个角点 (将一层平面图全部框选上) →在 6 号轴与 A 轴的交点处单击 (对齐点)。

用相同的方法创建其余的楼层数据，注意修改各楼层的层高。

(3) 创建 11 号楼的三维建筑模型。

◆ 单击“三维组合”按钮→确定→输入“SW”文件名→保存。

(4) 单击“视觉样式”→单击“真实视觉样式”(图 6-10)。

(5) 保存文件。

为了显示效果，图 6-10 用 Sketchup 软件进行了处理，用三维组合生成的效果图与图 6-10 稍有区别。

四、拓展任务

办公楼三维建筑模型图的绘制。

打开任务 6.1 中拓展任务绘制的“办公楼平面图 . dwg”，设计生成其他楼层平面图，原名保存文件，再生成三维建筑模型图。

五、支撑任务的知识与技能

1. 平板命令

菜单：三维建模→造型对象→平板
命令：PB

说明：执行命令后选择一封闭的多段线或圆→请点取不可见的边→选择作为板内洞口的封闭多段线或圆→输入板的厚度后回车。

2. 工程管理命令

菜单：文件布图→工程管理
命令：GCGL

说明：执行命令后弹出工程管理特性窗口，如图 6-14 所示，再单击工程管理下拉列表，有“新建工程”、“打开工程”等操作，如图6-15所示。其中“新建工程”为新建一个工程，“打开工程”为打开一个已有的工程，工程名的扩展名为 tpr，有了工程后，再单击展开“楼层”，单击楼层项下的“ ”图标，框选各个楼层所需要的平面图，如图 6-16 所示，在楼层选项下，可以创建“三维组合”、“建筑立面”、“建筑剖面”等模型。

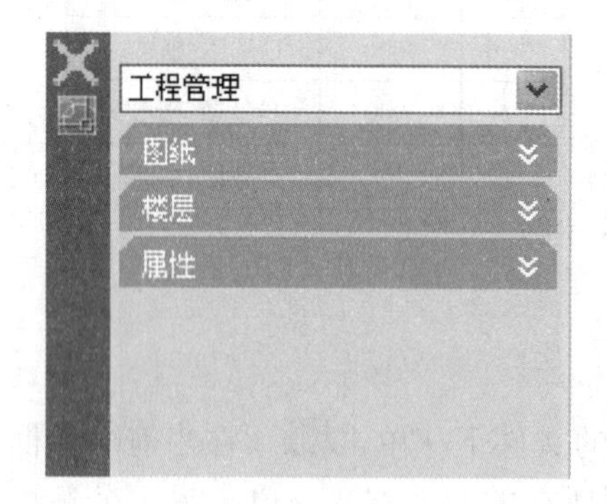

图 6-14 “工程管理”特性

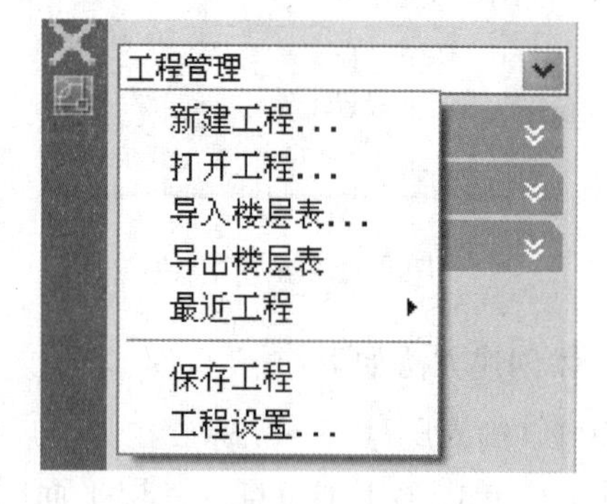

图 6-15 “工程管理”列表

图 6-16 楼层表

项目 7

某小区 11 号楼立面图的绘制

【项目概述】

平面图绘制完成后，用天正软件生成立面图，再用 AutoCAD 命令对局部进行修改，这比从头开始用 AutoCAD 绘制要快捷很多。在绘制立面图时，按以下思路进行：

1. 新建工程文件、创建楼层表；
2. 生成建筑立面；
3. 可用立面门窗、立面阳台命令替换现有的门窗、阳台等；
4. 用 AutoCAD 命令编辑修改立面图。

【项目目标】

通过完成本项目 11 号楼立面图，了解 4 种立面图，读懂平面与立面的关系。要求学生进一步熟悉国家建筑制图标准，精通楼层表的制作，掌握天正软件快速绘制建筑立面图的操作方法与技巧，精通天正与 AutoCAD 命令编辑立面图的方法与技巧。

任务 7.1　某小区 11 号楼①-⑬轴立面图的绘制

一、任务布置与分析

了解平面与立面的关系，在文件布图中打开工程文件，确认创建好的楼层表，然后生成立面图，根据平面图修改立面图，如图 7-1 所示。

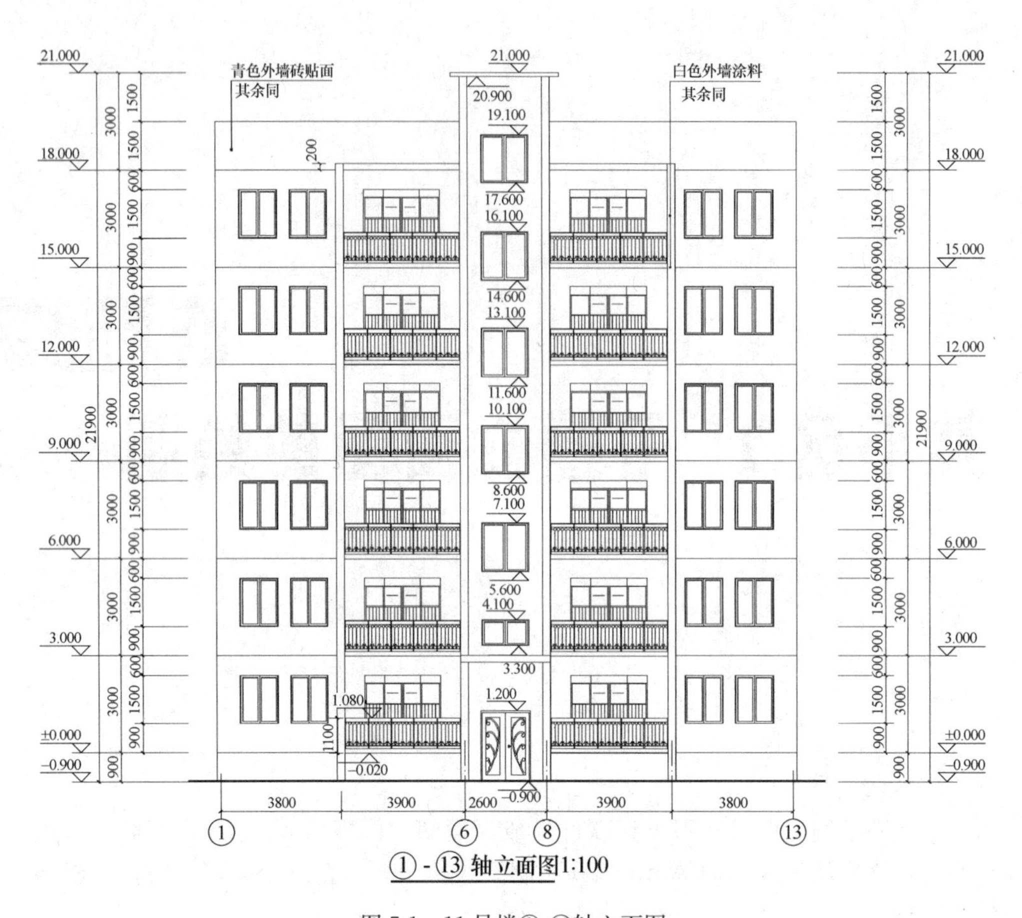

图 7-1　11 号楼①-⑬轴立面图

二、任务目标

完成①-⑬轴立面图绘制的同时，熟练工程管理、制作楼层表、创建立面命令，具有综合运用 AutoCAD 与天正软件编辑图形的能力。

三、绘图方法及步骤

打开任务 6.1 的“11 号楼 . dwg”文件。

1. 生成立面图

(1) ◆文件布图→工程管理→输入“11”→保存。

(2) ◆点击“楼层”→按图 6-13 中的数据创建楼层表。

(3) ◆单击“建筑立面”→输入 F（正立面）→在图上点击①与⑬轴线→回车→单击“生成立面”→输入“①-⑬立面 . dwg”作为文件名→单击“保存”按钮。

2. 对照所有平面图修改立面图，可参考图 7-1 进行修改。

3. 将“①-⑬立面 . dwg”文件中的立面图形复制到“11 号楼 . dwg”文件中。

(1) 全选“①-⑬立面 . dwg”文件中图形，按“Ctrl” + “C”进行复制；

(2) 切换到“11 号楼 . dwg”，按“Ctrl” ＋ “V”进行粘贴并保存文件。

以“11 号楼 . dwg”的文件名保存。

四、拓展任务

11 号楼⑬-①轴立面图的绘制（图 7-2）。

成果如图 7-2 所示，将所绘制的立面图复制到“11 号楼 . dwg”文件中，以“11 号楼 . dwg”保存。

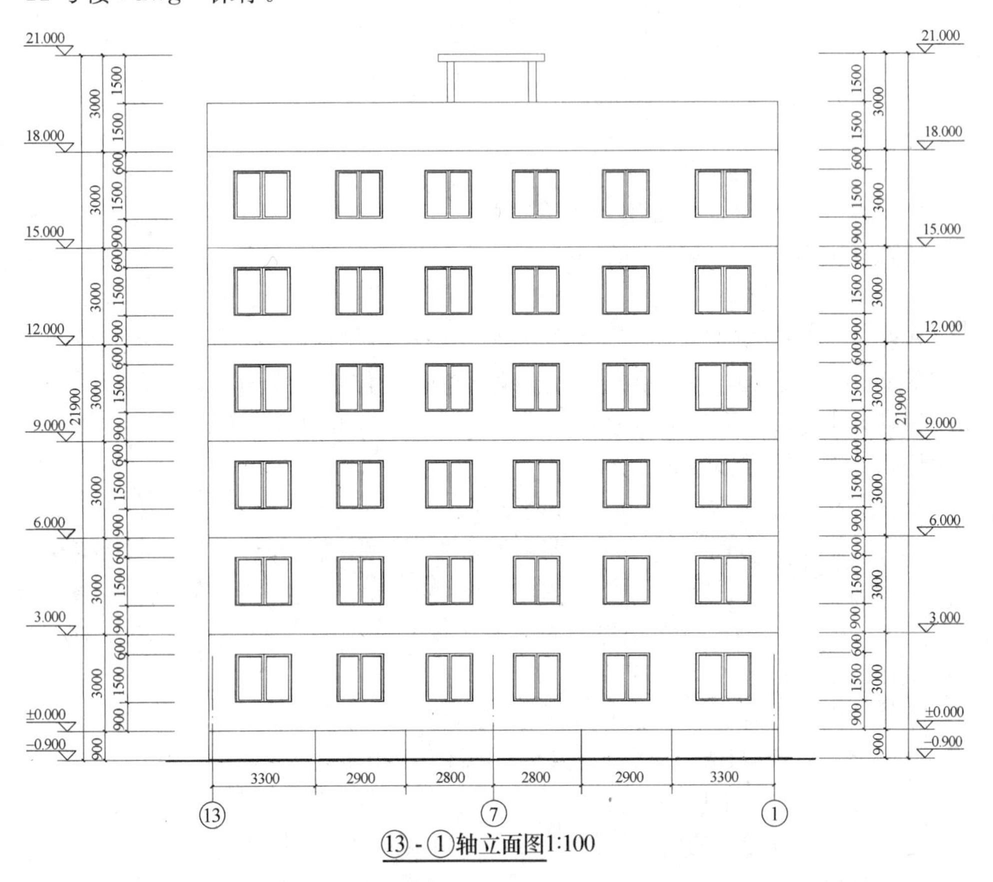

图 7-2 ⑬-①轴立面图

五、支撑任务的知识与技能

1. 建筑立面命令

菜单：文件布图 →工程管理 → 或
立面 → 建筑立面
命令：JZLM

说明：该命令用来生成整座建筑的立面图，在使用该命令前，先要让系统知道每层立面图对应的平面图，即楼层表，可以新建一个工程文件再建立一个楼层表，也可打开之前已建立好的工程文件，打开工程文件的同时，将已建好的楼层表打开。

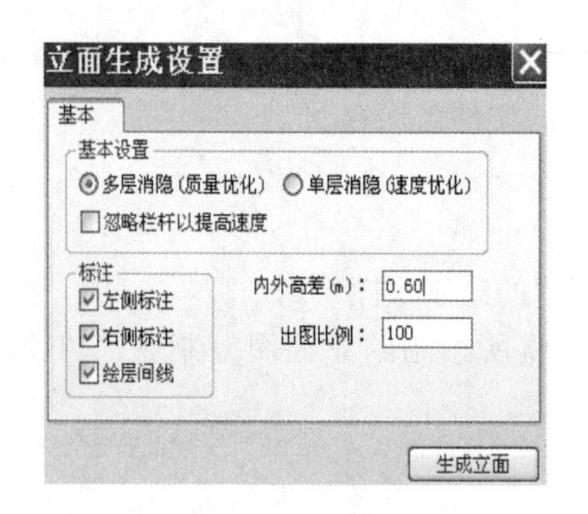

图 7-3　立面生成设置

执行命令后提示：

请输入立面方向或[正立面(F)/背立面(B)/左立面(L)/右立面(R)]＜退出＞：F　　//输入参数

请选择要出现在立面图上的轴线：　　//在平面图上单击立面轴线回车后出现如图7-3所示对话框

在图中设置好参数后单击“生成立面”按钮，系统生成立面后出现“输入要生成的文件”对话框，在对话框中设置文件保存的位置与立面文件名，然后“单击”保存，则立面文件生成，但是生成的图形并不完全和图样的一样，需要进行后续编辑才能与图样相同。

2. 构件立面命令

菜单：立面→构件立面
命令：GJLM

说明：该命令用来生成楼梯、门窗、阳台等构件的立面图。例如：生成 11 号楼一层平面图中（图7-4）编号为 M1521 双扇平开门。

执行命令后提示：

请输入立面方向或[正立面（F）/背立面（B）/左立面（L）/右立面（R）/顶视图（T）]＜退出＞：F　　//输入参数

请选择要生成立面的建筑构件：　　//用鼠标单击 M1512

请选择要生成立面的建筑构件：　　//没用构件可选时回车确认

请点取放置位置：　　//在绘图区空白处单击放置立面，如图 7-5 所示

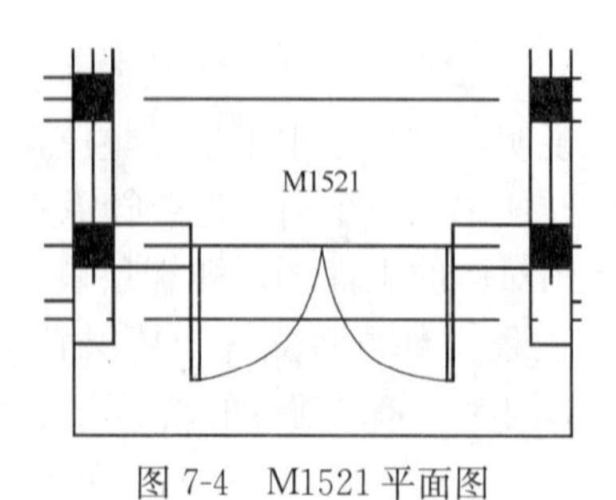

图 7-4　M1521 平面图

图 7-5　M1521 正立面

任务 7.2　某小区 11 号楼①-⑬轴立面图编辑

一、任务布置与分析

继续编辑任务 7.1 的 11 号楼①-⑬轴立面图。

二、任务目标

通过完成门窗阳台的替换，掌握天正软件中的立面门窗、门窗参数、立面阳台等命令的使用方法与技巧。

三、绘图方法及步骤

打开任务 7.1 的“11 号楼 . dwg”文件。

1. 替换编号为 C1215 的立面窗

◆ 立面→立面门窗→在弹出的“天正图库管理系统”对话框中单击“+EWDLib”展开（图 7-6）→单击“+立面窗”展开（图 7-7）→单击“推拉窗”（出现如图 7-8 所示的窗样式）→在右边图形预览区中的“水平推拉窗 0”上单击鼠标右键→选“替换图块”（图 7-8）→在立面图上依次单击需要替换的编号为 C1215 的立面窗。

图 7-6

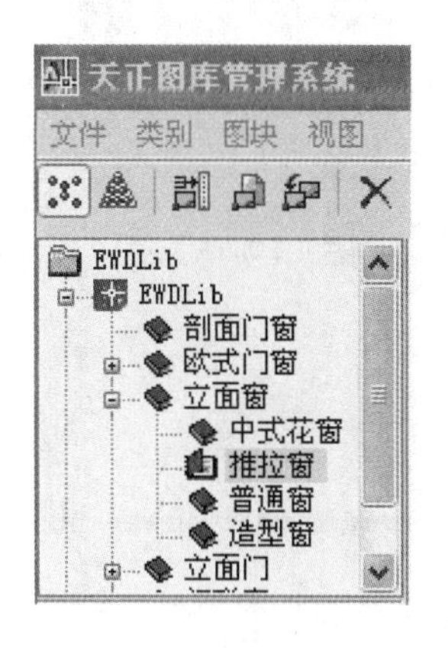

图 7-7

立面图上的其他窗可采用同样的方法进行替换。

2. 替换立面图上阳台处的门 M2424

◆ 立面→立面门窗→在弹出的“天正图库管理系统”对话框中单击“+EWDLib”展开（图 7-9）→单击“+立面门”展开（图 7-10）→选择“四扇门”→在右边图形预览区中的“四扇玻璃推拉门 1”上单击鼠标右键→选“替换图块”（图 7-11）→在立面图上依次单击需要替换的编号为 M2424 的立面门。

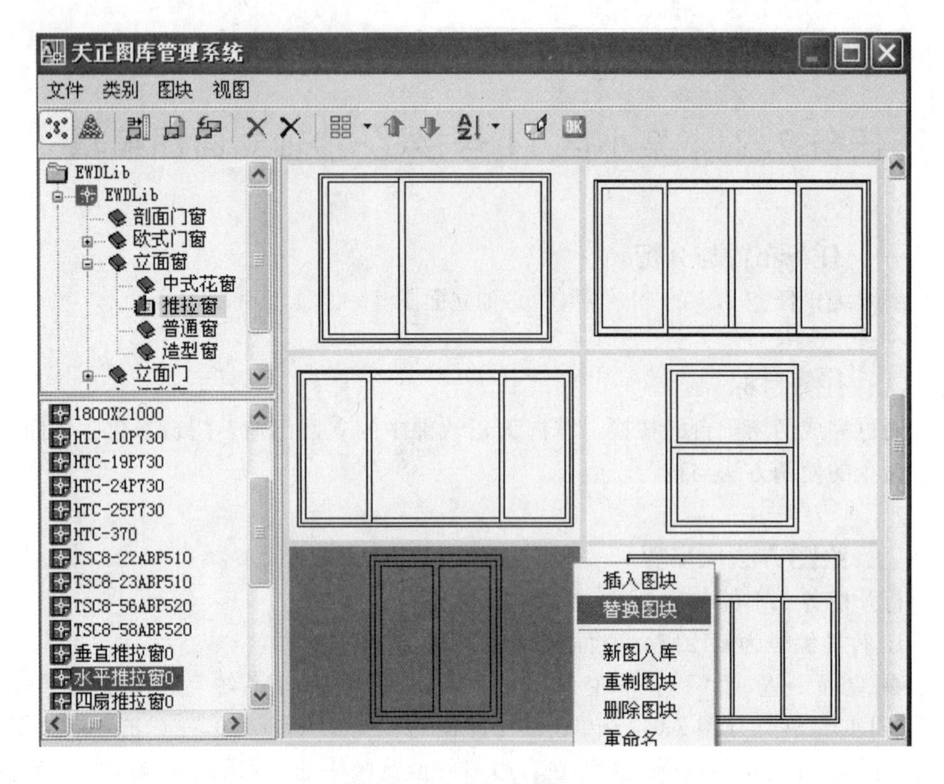

图 7-8 替换窗图块

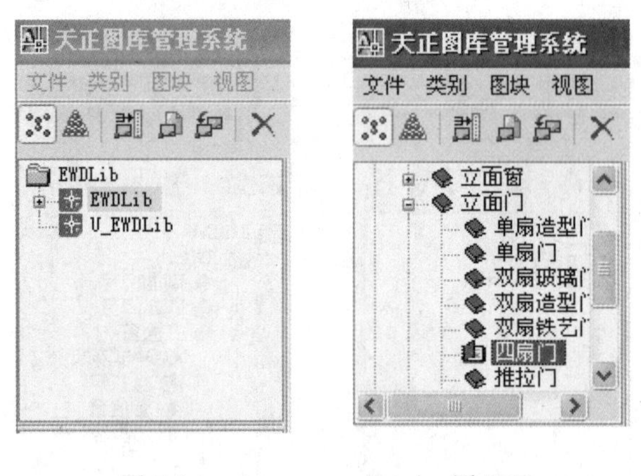

图 7-9　　　　图 7-10

立面图上入口处的大门 M1521 采用的门样式为“双扇铁艺门”中的“铁艺门 12”。

3. 替换立面图上的阳台

◆ 立面→立面阳台→在弹出的“天正图库管理系统”对话框中单击“+EWalLib”展开→单击“+立面阳台”展开→在图 7-12 中选择“阳台 7”→在右边图形预览区中的“正立面”上单击鼠标右键→选“替换图块”→在立面图上依次单击需要替换的立面阳台。

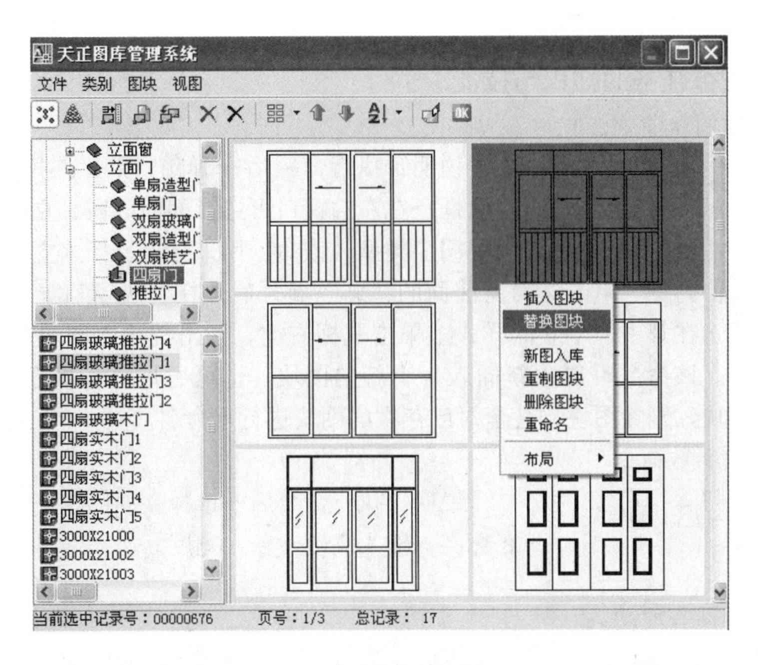

图 7-11　替换门图块

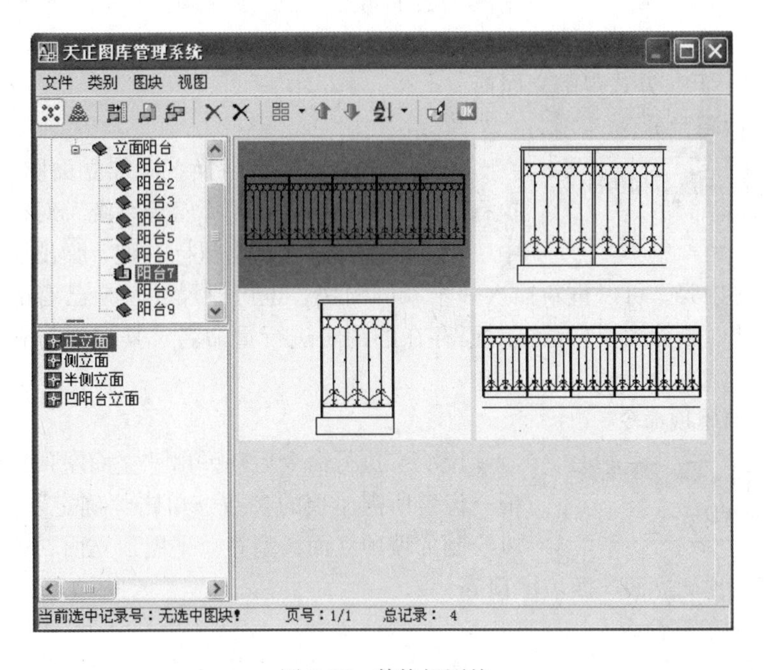

图 7-12　替换门图块

4. 文件以“11 号楼 . dwg”的文件名保存。

四、拓展任务

11 号楼Ⓐ-Ⓓ、Ⓓ-Ⓐ轴立面图的绘制与编辑。

将绘制的图形全部复制到“11 号楼 . dwg”文件中，再以原名保存。

五、支撑任务的知识与技能

1. 立面门窗命令

菜单：立面→立面门窗
命令：LMMC

说明：执行命令后→弹出“天正图库管理系统”对话框→在左边窗口可选择剖面门窗、立面窗、立面门等门窗类型。该命令用来替换、插入立面图上的门窗。以立面窗为例，单击立面窗前面的“＋”展开后，在右边窗口显示出立面窗的立面样式，在其中一个立面样式上单击鼠标右键，弹出“插入图块”、“替换图块”等内容。该命令可以重新插入一个新的图块，也可原尺寸替换已有的图块，还可重制图块，删除图块，甚至对已存在的图块进行重命名。

2. 门窗参数命令

菜单：立面→门窗参数
命令：MCCS

说明：执行命令后→选择立面门窗→回车→输入底标高→输入高度→输入宽度。

3. 立面窗套命令

菜单：立面→立面窗套
命令：LMCT

说明：执行命令后→指定窗套的左下角点→指定窗套的右上角点→在“窗套参数”对话框中设置参数→单击“确定”。在“窗套参数”对话框中可选择“全包”、“上下”方式包围立面窗。

4. 立面阳台命令

菜单：立面→立面阳台
命令：LMYT

说明：该命令用于替换、添加立面图上的阳台。执行命令后弹出“天正图库管理系统”对话框，在其中一个立面图样式上单击鼠标右键，弹出插入图块、替换图块等内容。可以重新插入一个新的图块，也可原尺寸替换已有的图块，还可重制图块、删除图块，甚至对已存在的图块进行重命名，其操作与立面门窗操作方法类似。

5. 立面屋顶命令

菜单：立面→立面屋顶
命令：LMWD

说明：执行命令后→弹出“立面屋顶参数”对话框→设置所需屋顶的参数→单击“确定”。该命令可以绘制的坡顶立面类型有：平屋顶立面、单双坡顶正立面、双坡顶侧立面、四坡屋顶等。

6. 立面轮廓命令

菜单：立面→立面轮廓
命令：LMLK

说明：执行命令后→选择二维对象→输入轮廓线宽度。会自动搜索建筑立面外轮廓，在图形的外边界上加一圈粗实线，但在地坪线上不会添加。

项目 8

某小区 11 号楼剖面图的绘制

【项目概述】

假想用一个或多个垂直于外墙轴线的铅垂剖切面将房屋剖开，所得的投影图，称为建筑剖面图，简称剖面图。剖面图用以表示房屋内部的结构或构造形式、分层情况和各部位的联系、材料及其高度等，是与平面、立面图相互配合的不可缺少的重要图样之一。

剖面图的剖切位置应选择在能反映出房屋内部构造比较复杂与典型的部位，并应通过门窗洞的位置。若为多层房屋，应选择在楼梯间或层高不同、层数不同的部位。剖面图的图名应与平面图上所标注剖切符号的编号一致，如 1-1 剖面图、2-2 剖面图等。

【项目目标】

通过完成本项目 11 号楼 1-1 剖面图与 2-2 剖面图的绘制，了解建筑平面与剖面的关系；思考剖面图与平面图、立面图相比有哪些相同或相似的结构。通过绘制剖面图，掌握天正软件与 AutoCAD 命令绘制建筑剖面图的方法与技巧。

任务 8.1　某小区 11 号楼 1-1 剖面图的绘制

一、任务布置与分析

在文件布图中打开工程文件，确认创建好的楼层表，然后生成 1-1 剖面图，确定平面与剖面的对应关系，根据平面图修改 1-1 剖面图，成果如图 8-1 所示。

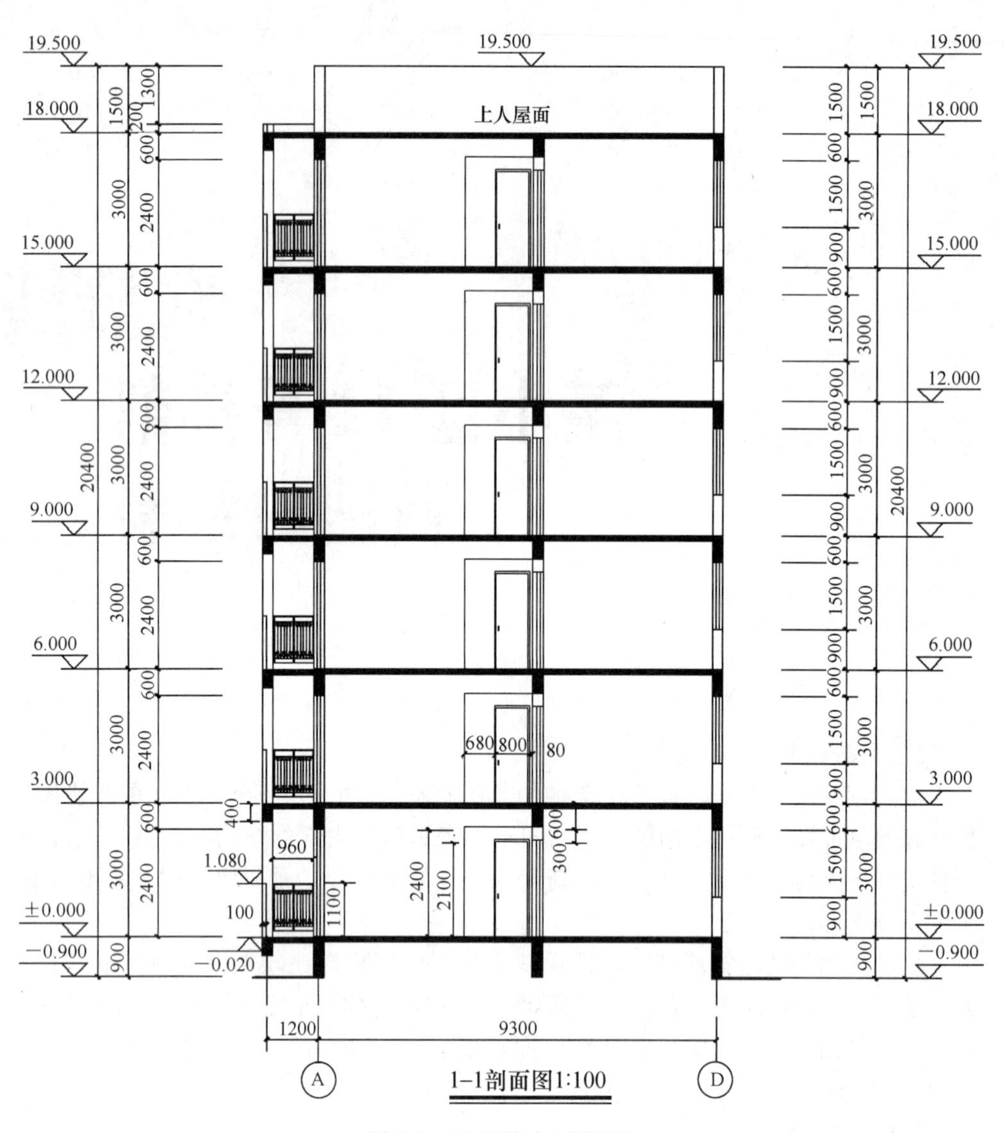

图 8-1　11 号楼 1-1 剖面图

二、任务目标

完成 1-1 剖面图绘制的同时，熟悉建筑剖面、双线楼板、加剖断梁等命令的使用方法与技巧，巧用立面中的立面阳台来替换剖面中的阳台，具有综合运用 AutoCAD 命令编辑图形的能力。

三、绘图方法及步骤

1. 准备工作

(1) 打开任务 7.2 绘制的“11 号楼 . dwg”。

(2) 打开已创建的工程文件“11. tpr”（如图 8-2 所示，也可以创建新的工程文件）。

2. 创建剖面图

在“工程管理”选项板中的“楼层”选项中单击“建筑剖面”图标→单击一层平面图上的1剖切线→依次单击A、D轴线→回车→在弹出的“剖面生成设置”对话框中单击“生成剖面”按钮→输入“1-1剖面图.dwg”作为文件名→单击“保存”。

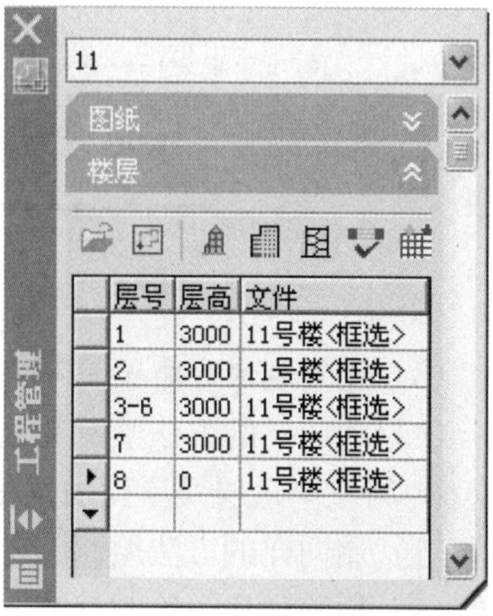

小提示：此时生成的剖面不建议移动，因为系统会将坐标原点放在标高±0.000处，不移动图形方便以后创建楼板。

图8-2 “工程管理选项板”

3. 编辑剖面图

(1) 加上图名（1-1剖面图 1∶100）与A、D轴号。

(2) 对照图8-1剖面图，修改各个墙段。

(3) 为一层加上楼板（M与N点之间），并填充，如图8-3所示。

1) ◆ 剖面→双线楼板（SXLB）→在一层楼板的左上角M点位置单击（楼板的起始点）→在楼板的右上角N点位置单击（结束点）→0（楼板顶面标高）→100（厚度）→回车。

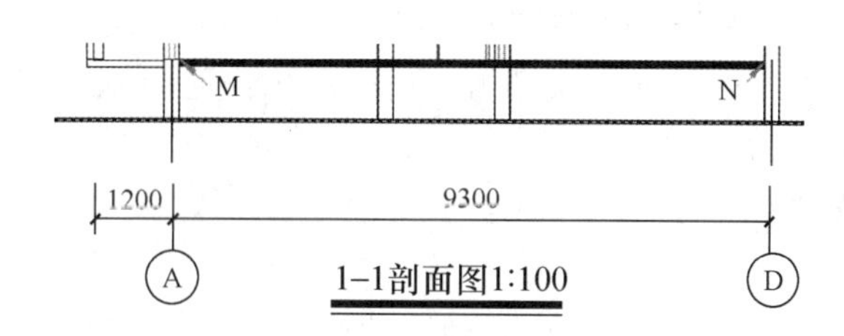

图8-3 Ⓐ-Ⓓ轴一层楼板的绘制

2) ◆ 剖面→剖面填充（PMTC）→在两条楼板线上单击→回车→选择“涂黑”→单击“确定”，结果如图8-3所示。

(4) 用同样的方法加上阳台楼板。

注意：阳台板面比楼板面低20。

4. 绘制梁

(1) 加剖断梁

◆ 剖面→加剖断梁（JPDL）→单击图8-4中的M点（剖面梁的参照点）→240（梁左侧到参照点的距离）→0（梁右侧到参照点的距离）→900（梁底边到参照点的距离），效果如图8-4所示。

(2) 填充梁

◆ 剖面→剖面填充（PMTC）→在梁的四边上分别单击→空格→选择“涂黑”图案→确定，效果如图8-5所示。

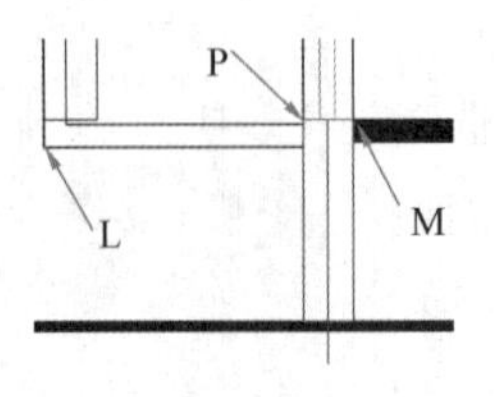

图 8-4　加剖断

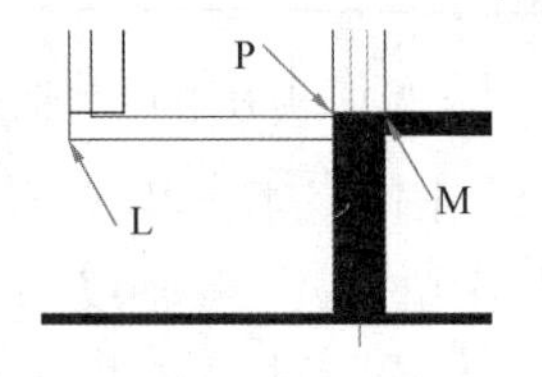

图 8-5　剖面填

(3) 用复制命令将梁复制到其他同样尺寸的位置。

(4) 用同样的方法绘制梁高为 400 与 600 的梁。

5. 为三～六层及屋顶加楼板与梁

(1) 用同样的方法绘制二层的楼板与梁及其他图样。

(2) 用阵列命令绘制好三～六层与屋顶的楼板。

◆ Ar→回车→5（行）→1（列）→3000（行偏移）→0（列偏移）→单击选择对象→选择二楼的楼板与梁（建议用窗口方式选择）→回车→单击“确定”。

(3) 参照剖面样图，利用天正软件与 AutoCAD 命令绘制及编辑剖面图其他位置。

6. 加粗墙，线宽设为 60，可以使用 PL，也可使用矩形命令。

◆ 方法一：PL→在起点位置单击→W→50（起点宽）→50（终点宽）→在目标点单击。

◆ 方法二：Rec→W→50（线宽）→在另一个角点单击。

7. 将“1-1 剖面图 .dwg”文件中的立面图形复制到“11 号楼 .dwg”文件中。

(1) ◆ 全选“1-1 剖面图 .dwg”文件中图形，按“Ctrl”＋“C”进行复制；

(2) ◆ 切换到“11 号楼 .dwg”，按“Ctrl”＋“V”进行粘贴；保存文件。

四、拓展任务

办公楼剖面图的绘制。打开任务 6.1 的拓展任务中的办公楼平面图，绘制 1-1 剖面图。

五、支撑任务的知识与技能

1. 建筑剖面命令

菜单：文件布图→工程管理→或
　　　剖面→建筑剖面
命令：JZPM

说明：该命令用来生成按某一剖切位置剖切后生成的剖面图，在使用该命令前，先要让系统知道每层剖面图对应的平面图，即楼层表，可以新建一个工程文件再建立一个楼层表，也可打开先前已建立的工程文件，打开工程文件的同时，将已建好的楼层表打开。

2. 构件剖面命令

菜单：剖面→构件剖面
命令：GJPM

说明：用“建筑剖面”命令生成剖面图时，有些构件的剖面不能生成，此时可在平面图中的这些构件上先创建剖切符号，再用“构件剖面”命令来独立生成构件的剖面图。

3. 画剖面墙命令

菜单：剖面→画剖面墙
命令：HPMQ

说明：该命令用一对平行的直线或圆弧，直接绘制剖面墙。执行该命令后在图上单击作为剖面墙的起点，再点下一点，按回车键退出命令。

4. 双线楼板命令

菜单：剖面→双线楼板
命令：SXLB

说明：执行该命令后可根据命令行的提示选取楼板的起点和终点，再输入楼板顶面标高和楼板的厚度，绘制出两条平行线。

5. 加剖断梁命令

菜单：剖面→加剖断梁
命令：JPDL

说明：在剖面图中，可根据需求在图中任意位置添加大梁断面图，该命令用于在剖面楼板处按给出尺寸加梁剖面。执行该命令后在剖面图中单击一点确定剖断梁的参照点，再输入剖断梁左宽、右宽和高度。

6. 剖面门窗命令

菜单：剖面→剖面门窗
命令：PMMC

说明：执行该命令后选择剖面门窗样式后，点取剖面墙线下端→输入门窗下端到墙下端距离→输入门窗的高度→回车后若还需要插入剖面门窗，则继续输入数据，若要结束则按回车键。

7. 剖面檐口命令

菜单：剖面→剖面檐口
命令：PMYK

说明：执行该命令后弹出“剖面檐口参数”对话框，左边为檐口样式的预览图，右边则列出了檐口类型，包括：女儿墙、预制挑檐、现浇挑檐和现浇坡檐。参数设置好后单击“确定”，在图中单击。

8. 门窗过梁命令

菜单：剖面→门窗过梁
命令：MCGL

说明：执行该命令选择需加过梁的剖面门窗→回车→输入梁高。

任务 8.2 某小区 11 号楼 2-2 剖面图的绘制 *

一、任务布置与分析

绘制如图 8-6 所示的剖面图。

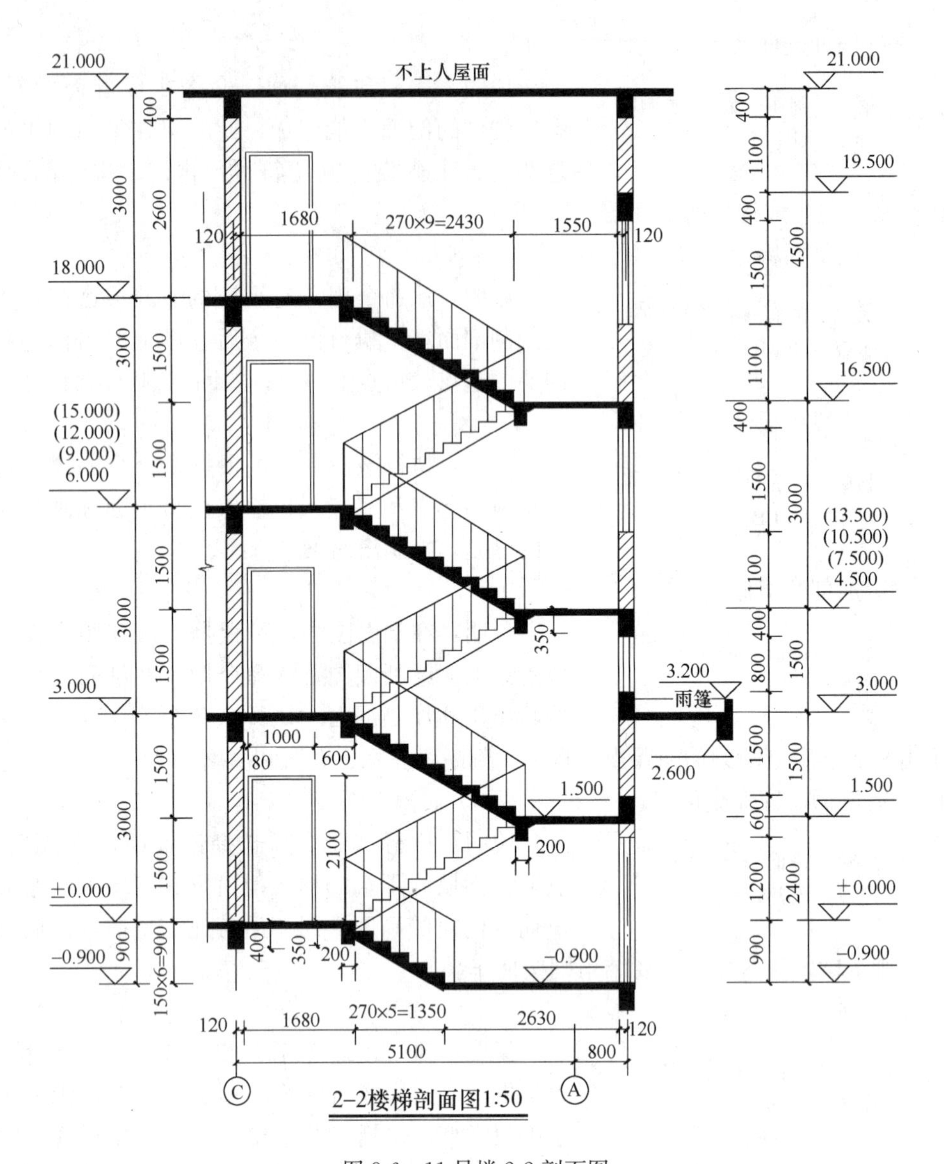

图 8-6　11 号楼 2-2 剖面图

二、任务目标

完成剖面图绘制的同时，熟悉建筑剖面、双线楼板、加剖断梁等命令的使用方法与技巧，巧用立面中的立面阳台替换剖面图中的阳台，具有综合运用 AutoCAD 命令编辑图形的能力。

三、绘图方法及步骤

1. 准备工作

打开任务 8.1 绘制的“11 号楼 . dwg”。

2. 创建一个工程文件，制作楼层表

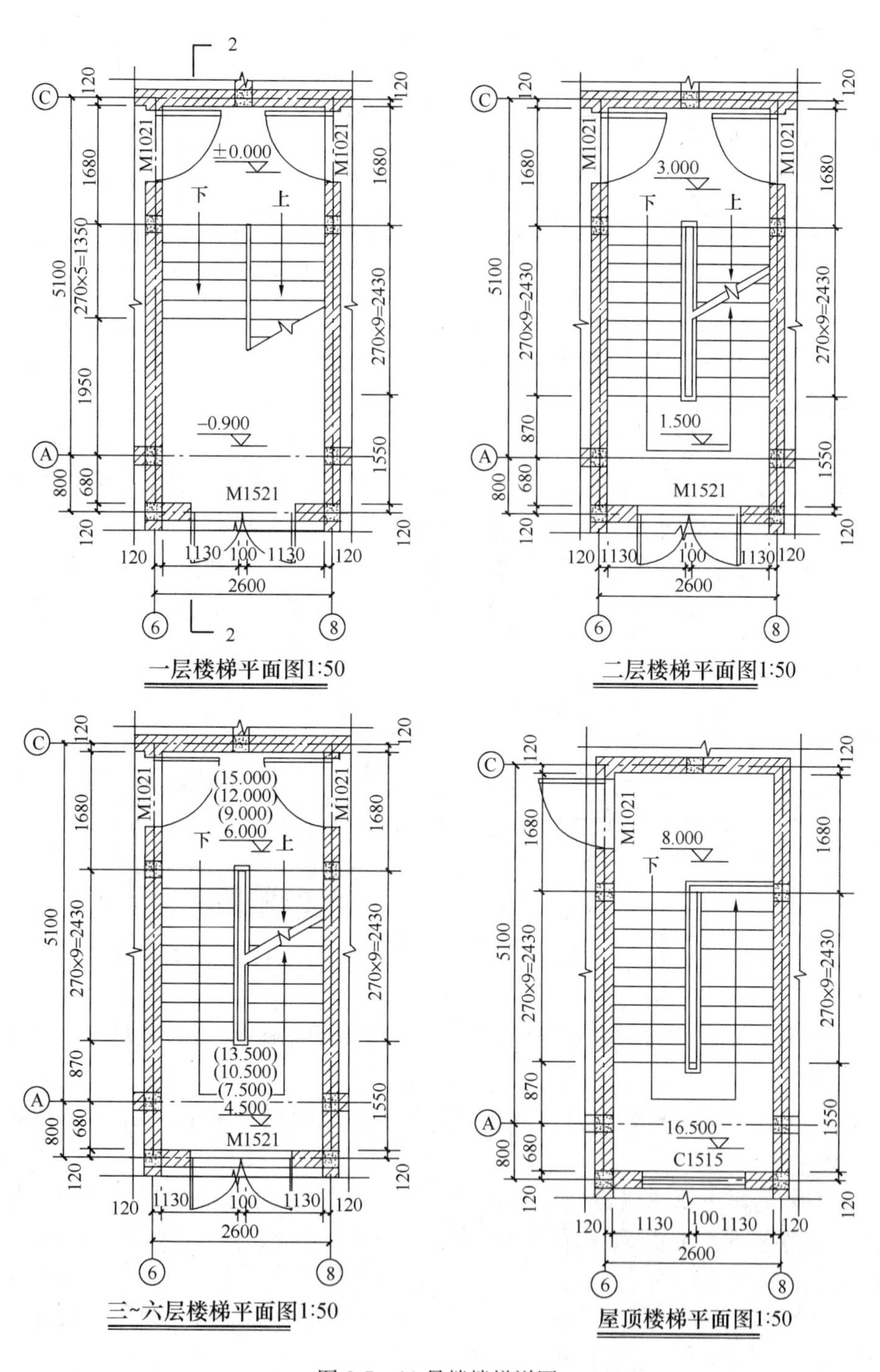

图 8-7 11 号楼楼梯详图

(1) 新建一个工程文件

◆ 单击“文件布图”→在“工程管理”对话框中的第一个下拉列表框中单击→选择“新建工程”→输入“2-2”→保存。

层号	层高	文件
1	3000	11 号楼 <框选>
2	3000	11 号楼 <框选>
3~6	3000	11 号楼 <框选>
7	3000	11 号楼 <框选>

图 8-8　楼层表

（2）创建楼层表

◆ 单击“楼层”→在楼层表中创建图 8-8 中的数据。具体创建方法如下：

◆ 1（输入层号）→将光标放在 1 层后的文件下→单击（在当前图中框选图形范围）→单击第 1 个角点（一层楼梯平面图所在的左上方）→单击另 1 个角点（将图形完全框选上）→在⑥轴与Ⓐ轴的交点处单击（对齐点）。

用相同的方法创建其余的楼层数据，注意修改各楼层的层高。

3. 创建剖面图

（1）创建剖面图

◆ 在“工程管理”选项板中的“楼层”选项中单击“建筑剖面”→单击图 8-7 中一层楼梯平面图上的 2 剖切线→依次单击Ⓒ、Ⓐ轴线→回车→在弹出的“剖面生成设置”对话框中单击“生成剖面”按钮→输入“2-2 剖面图 .dwg”作为文件名→单击保存，如图 8-9 所示（此时生成的剖面建议不要移动）。

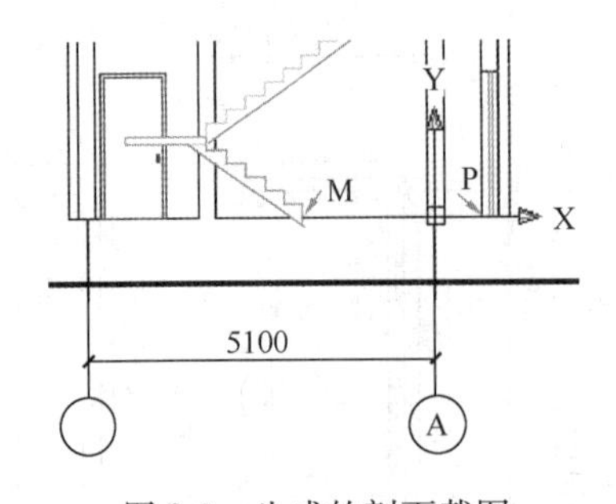

图 8-9　生成的剖面截图

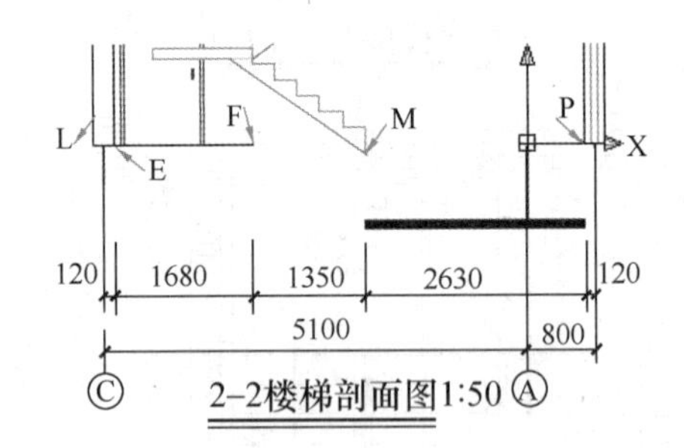

图 8-10　入口处的休息楼板

（2）在创建好的剖面图上加上图名（2-2 楼梯剖面图 1∶50）与轴号，并修改标注。

（3）在入口休息板处加上楼板（M 点与 P 点之间）并填充，在图 8-9 上进行以下操作：

1）◆ 剖面→双线楼板（SXLB）→在楼板的右上角 P 点单击（楼板的起始点）→在楼板的左上角 M 点单击（结束点）→输入“－900”（楼板顶面标高）→100（厚度）→回车；

2）◆ 剖面→剖面填充（PMTC）→在两条楼板线上单击→回车→选择“涂黑”→单击“确定”，结果如图 8-10 所示。

（4）对照一层楼梯平面图 8-7，修改各个墙段，将多余的删除掉，绘制完成的效果如图 8-10 所示。

（5）用直线命令 L 从 E 点到 F 点作一条辅助线，两点之间的长度为 1680，如图 8-11 所示。

(6) 为一层加楼板（L与F之间），并填充，在图8-11上进行如下操作：

1) ◆ 剖面→双线楼板（SXLB）→在楼板的右上角F点单击（楼板的起始点）→在楼板的左上角L点单击（结束点）→输入"0"（楼板顶面标高）→100（厚度）→回车；

2) ◆ 剖面→剖面填充（PMTC）→在两条楼板线上单击→回车→选择"涂黑"→单击"确定"，结果如图8-12所示。

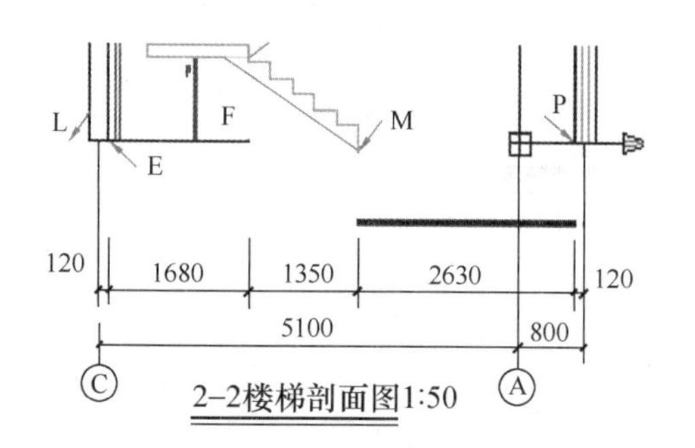

图8-11 从E到F作辅助线

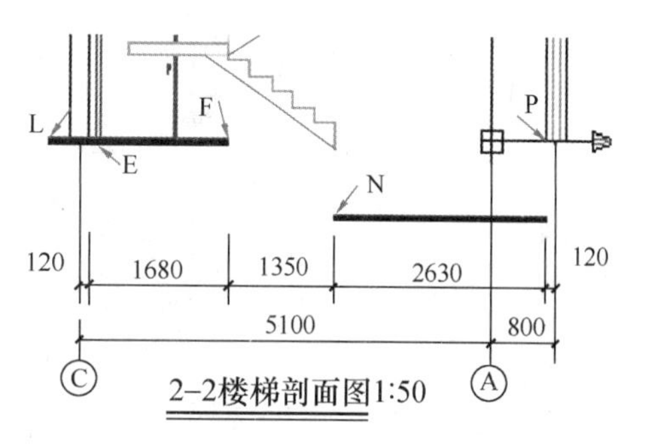

图8-12 一层上L到F的楼板

4. 插入入口处的6个踏步

(1) ◆ 剖面→参数楼梯（CSLT）→弹出图8-13"参数楼梯"对话框→单击"选休息板"（无休息板）→单击"切换基点"（基点在右边）→选择"剖切楼梯"→选择"左高右低"→勾选"填充"→选择一种填充图案→勾选"自动转向"→勾选"栏杆"。

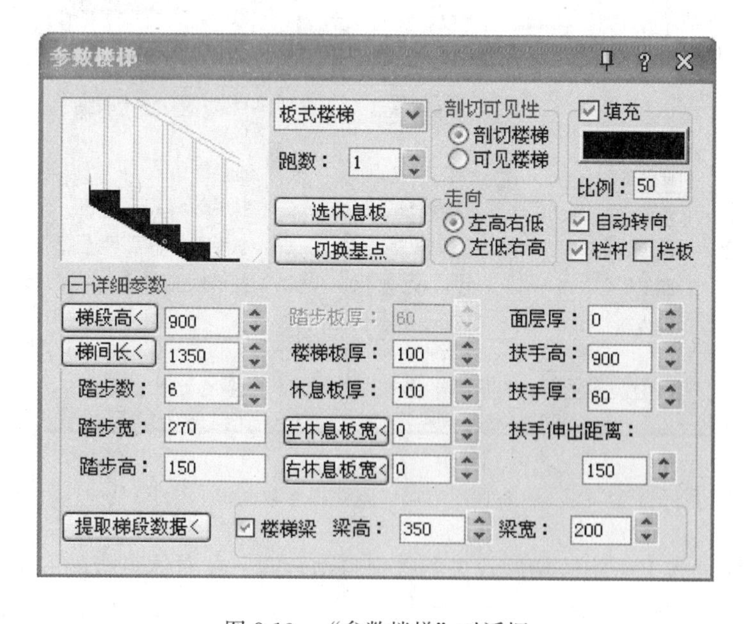

图8-13 "参数楼梯"对话框

(2) ◆ 单击"＋详细参数"展开→900（梯段高）→6（踏步数）→270（踏

步宽）→100（楼梯板厚）→100（休息板厚）→0（左休息板宽）→0（右休息板宽）→150（扶手伸出距离）→勾选“楼梯梁”→350（梁高）→200（梁宽）→在图 8-12 中的 N 点处单击（插入楼梯），如图 8-14 所示。

（3）用直线连接 AB 两点，如图 8-15 所示，再进行填充。

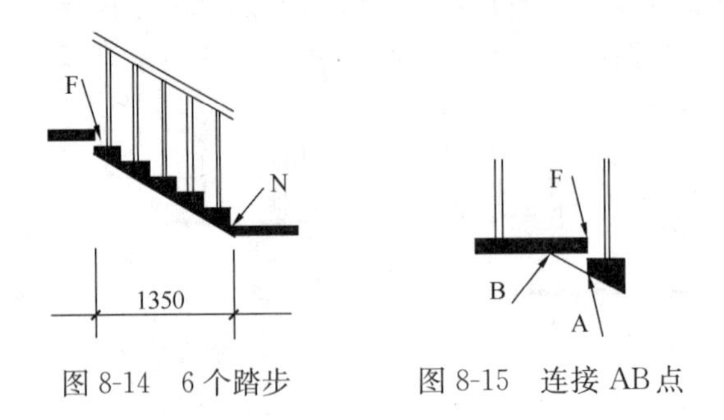

图 8-14　6 个踏步　　　　图 8-15　连接 AB 点

5. 插入一层的剖切楼梯

（1）◆ 剖面→参数楼梯（CSLT）→打开“参数楼梯”对话框，参数设置如图 8-16 所示→在图 8-15 中的 F 点单击插入楼梯（注意插入基点在左边），效果如图 8-17 所示。

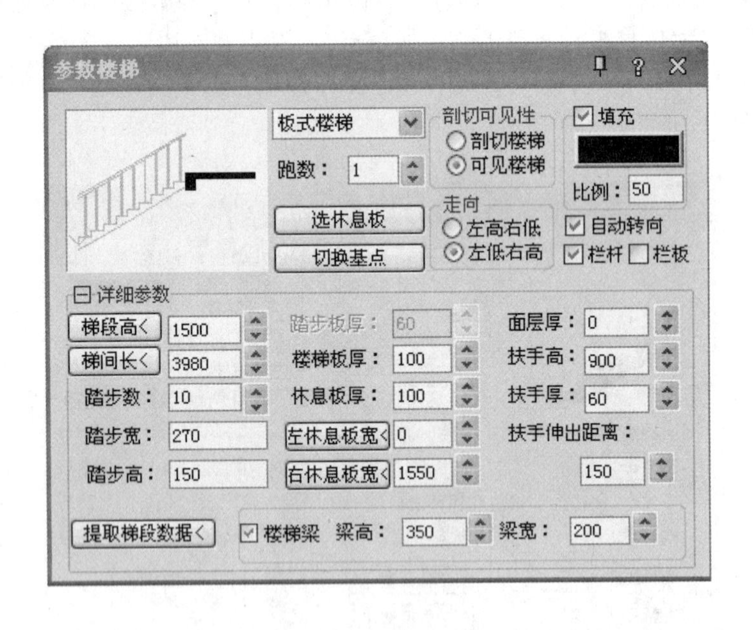

图 8-16　一层一跑楼梯参数设置

（2）◆ 插入上一跑楼梯后，二跑楼梯自动转向→在右休息板的右上角 C 点单击插入，效果如图 8-18 所示。

6. 综合运用天正软件与 AutoCAD 命令编辑图形，将整个图形完成，最终效果如图 8-1 所示。

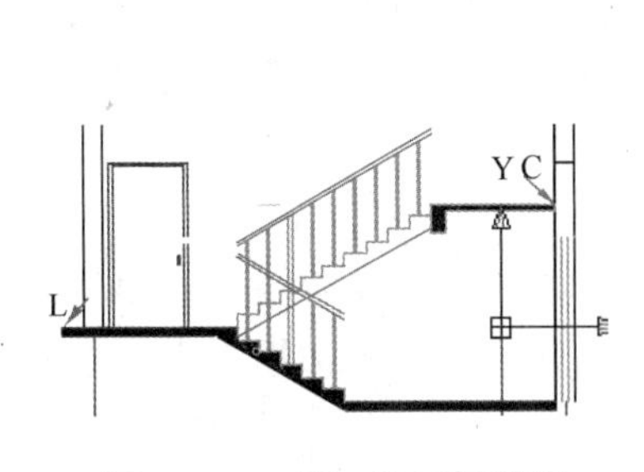

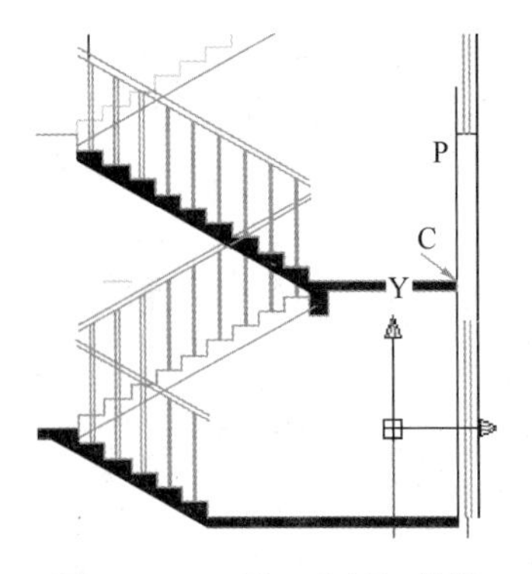

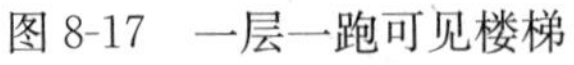
图 8-17　一层一跑可见楼梯

图 8-18　一层二跑剖切楼梯

7. 将“2-2 剖面图 .dwg”文件中的剖面图形复制到“11 号楼 .dwg”文件中。

（1）全选“2-2 剖面图 .dwg”文件中图形，按“Ctrl”＋“C”进行复制；

（2）切换到“11 号楼 .dwg”，按“Ctrl”＋“V”进行粘贴；

（3）以“11 号楼 .dwg”的文件名保存。

四、拓展任务

办公楼剖面图的绘制（完善任务 8.1 中拓展任务的剖面图）。

五、支撑任务的知识与技能

1. 参数楼梯命令

菜单：剖面→参数楼梯
命令：CSLT

说明：执行该命令后弹出“参数楼梯”对话框，在对话框中设置楼梯的参数，在图中要插入的位置插入楼梯。该命令可以创建四种类型的楼梯：板式楼梯、梁式现浇（L 型）、梁式现浇（Δ 型）、梁式预制。

2. 参数栏杆命令

菜单：剖面→参数栏杆
命令：CSLG

说明：执行该命令后弹出“剖面楼梯栏杆参数”对话框，在对话框设置楼梯栏杆的参数，在需插入栏杆的位置单击就可插入栏杆。

3. 楼梯栏杆命令

菜单：剖面→楼梯栏杆
命令：LTLG

说明：执行该命令后→输入楼梯扶手的高度→选择是否要将遮挡线变虚（Y/N）→再输入楼梯扶手的起始点→结束点→回车结束。

4. 楼梯栏板命令

菜单：剖面→楼梯栏板
命令：LTLB

说明：执行该命令后→输入楼梯扶手的高度→选择是否要打断遮挡线（Y/N）→再输入楼梯扶手的起始点→结束点→回车结束。

5. 扶手接头命令

菜单：剖面→扶手接头
命令：FSJT

说明：执行该命令后→输入扶手伸出距离→选择是否增加栏杆→选定两点来确定需要连接的一对扶手→回车结束。该命令可对楼梯扶手和栏板的接头进行连接，水平伸出长度可以按需要输入。

6. 剖面填充命令

菜单：剖面→剖面填充
命令：LMTC

说明：执行该命令后→选取要填充的剖面墙线、楼板、梁、楼梯→选择所需填充图案→单击“确定”。

项目 9

某小区 11 号楼的布图与输出*

【项目概述】

输出图形是计算机绘图中的一个重要环节，可从模型空间直接输出图形，也可设置布局从图纸空间输出。绘制好的图形，可以用打印机或绘图机输出，也可以进行电子打印，比如 pdf、jpg、dwf、png 等格式的文件，便于在互联网上访问和共享。不管是图纸打印还是电子打印，关键的问题是比例的调整。

【项目目标】

通过完成本项目 11 号楼部分图形的输出，掌握以下内容：

1. 正确处理各种比例。

2. 设置页面，包括选择打印范围（全图或部分图形），设置图形的打印比例等。

3. 掌握图纸打印和电子打印的方法和技巧。

4. 预览设置效果。

任务 9.1　模型空间单比例输出

一、任务布置与分析

图形是在模型空间按照 1∶1 的实际尺寸绘制的，本任务直接从模型空间打印出图，打印某小区 11 号楼的一层平面图，纸张使用 A3 纸，横式打印，出图效果为黑白，同时生成一个 pdf 文件。

二、任务目标

在完成电子打印的同时掌握图纸打印的方法和技巧；掌握插入图框的方法；熟悉页面设置的方法与技巧；熟练其他格式文件的输出方法和技巧。

三、绘图方法及步骤

打开任务 8.2 绘制的“11 号楼 .dwg”文件，以下所有操作均在此文件中操作。

1. 插入 A4 图框

◆ 文件布图→插入图框（图 9-1）→在插入图框中进行参数设置→选 A3→选横式→勾选“会签栏”→勾选“通长标题栏”→出图比例按默认值 1：100→单击“插入”按钮→移动鼠标到合适位置后单击鼠标左键插入图框。

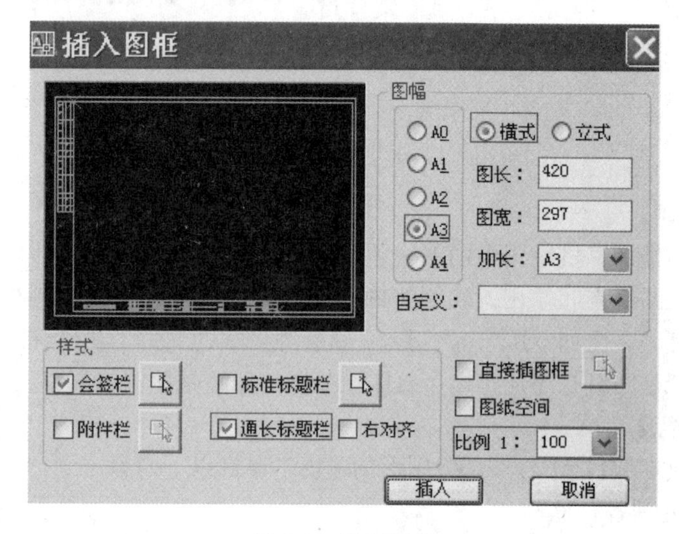

图 9-1　插入图框

插入图框后双击“时间”进行修改，输入新的时间“12.08.20”，如图 9-2 所示。

2. 进行页面设置，样式名称为“样式 A3”

页面设置包括：选择、设置打印机，确定打印线宽、打印比例，选择打印范围等。

页面设置中的许多选项在每次打印时保持不变，为了避免重复设置，规范打印结果，将设置的页面存为样式文件。可以反复调用打印样式来打印图形，避免重复设置，下面介绍具体的页面设置绘图方法及步骤。

◆ 文件菜单→页面设置管理器→新建（在弹出的页面设置管理器中进行操作，如图 9-3 所示）→样式 A3（输入新页面设置名）→单击确定（确定后弹出图 9-4）→按图 9-4 中设置的样式进行操作设置→确定→确定→在图 9-5 中选中“样式 A3”→单击置为当前→关闭（设置完成）。

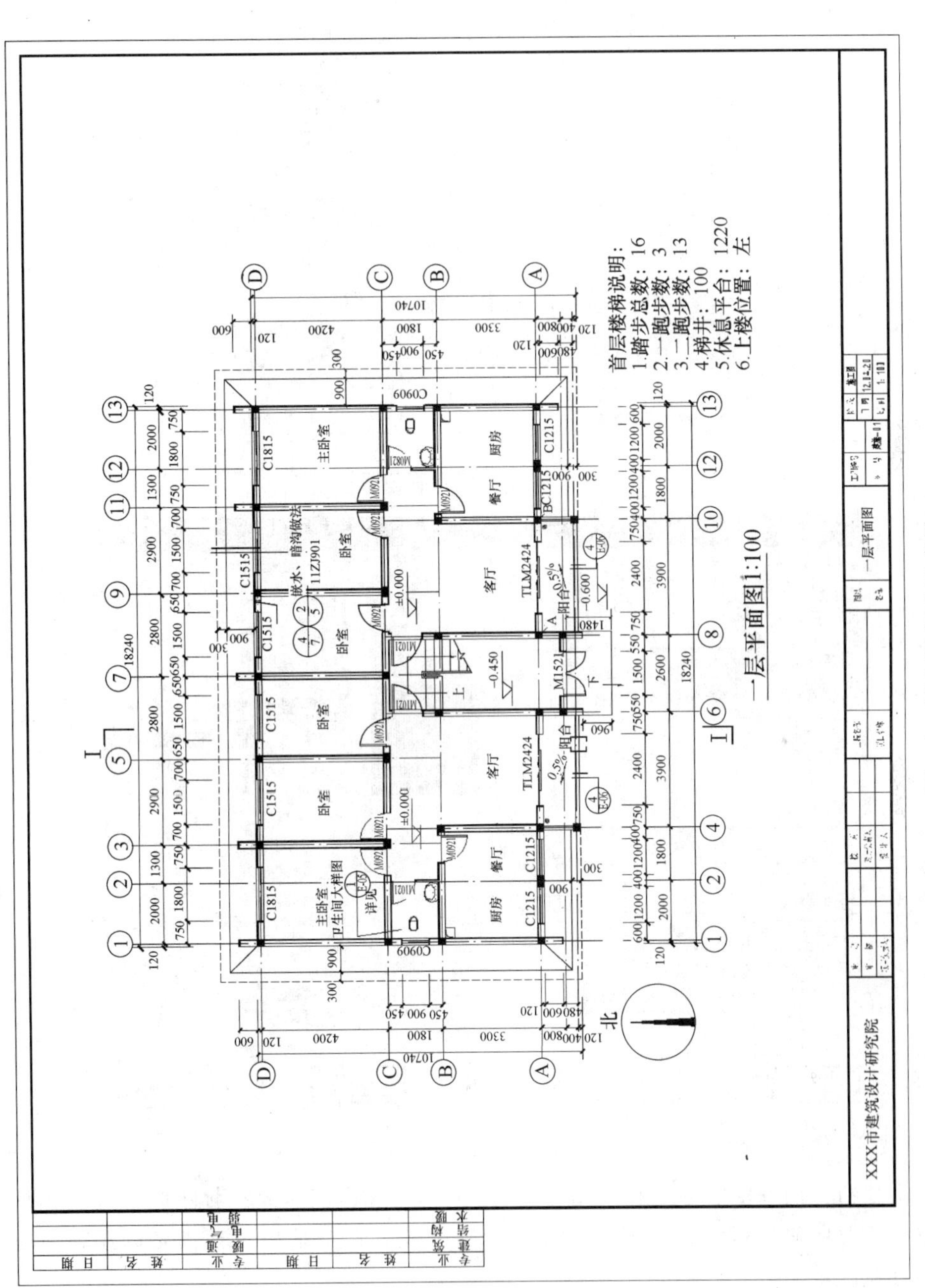

图 9-2 插入图框后的成果

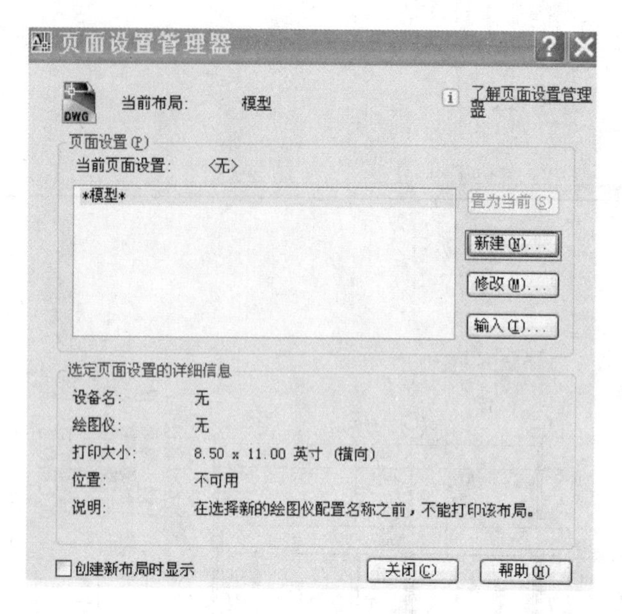

图 9-3　页面设置管理器

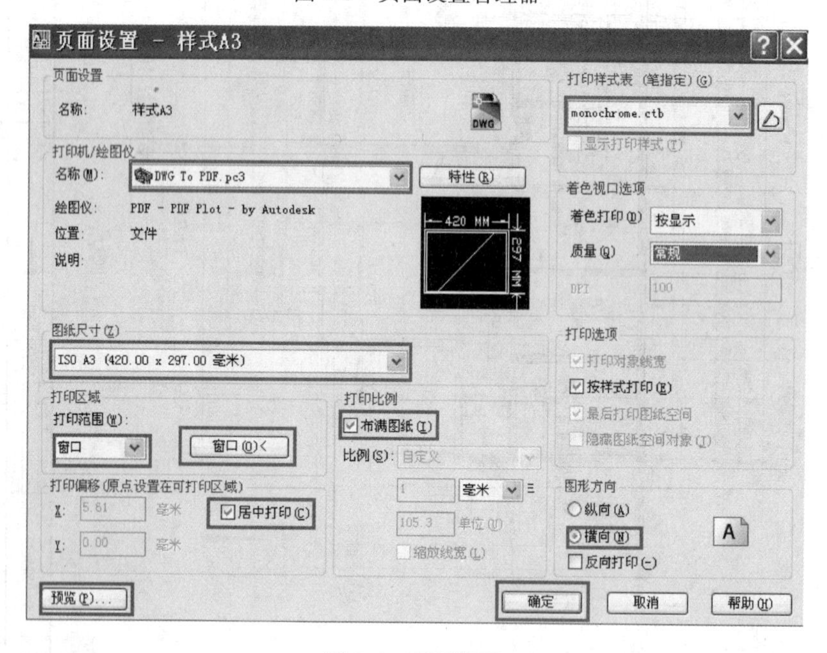

图 9-4　页面设置

小技巧：图 9-4 中勾选打印比例下的“布满图纸”，那么在打印时，可选择该打印机可打印的纸张，如果图纸比较大，则会放大；如果图纸比设定的小，则会缩小打印。

注意：(1) 在打印机名称后的下拉列框中如果选择安装了的打印机型号，则可以打印在 A3 图纸张上。

(2) 打印范围如果选择了窗口，则要窗口按钮，然后在绘图区框选要打印的图形。

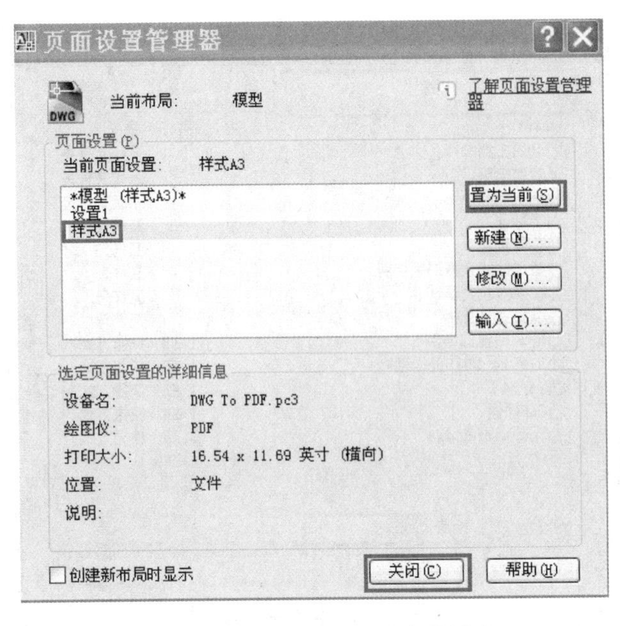

图 9-5　将样式 A3 设置为当前样式

3. 将图形虚拟打印成 pdf 文件

◆ 文件菜单→打印→弹出打印对话框（图 9-6）→单击预览可以查看效果→单击确定→弹出“浏览打印文件”对话框（图 9-8）→保存于“桌面”→输入“一层平面图”文件名（文件类型为 pdf 文件）→保存。最终成果如图 9-7 所示。

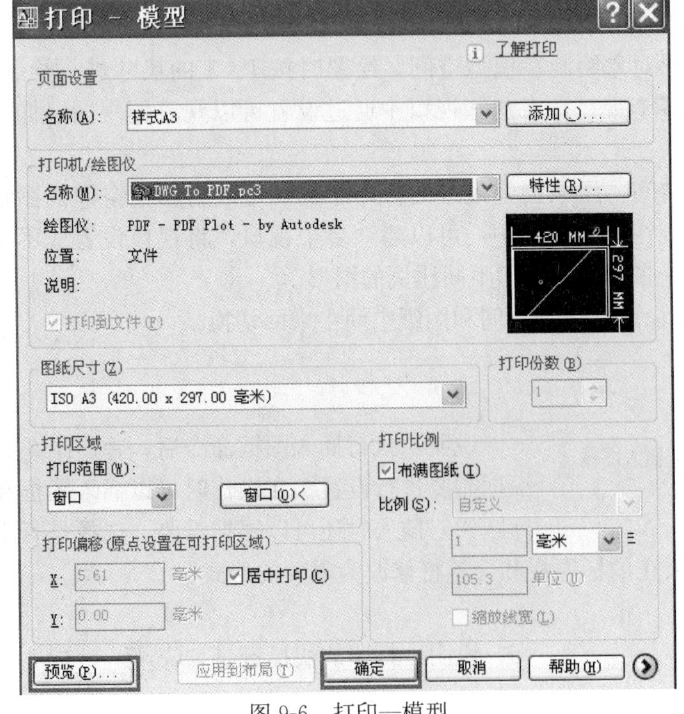

图 9-6　打印—模型

图 9-7　在桌面生成的 pdf 文件

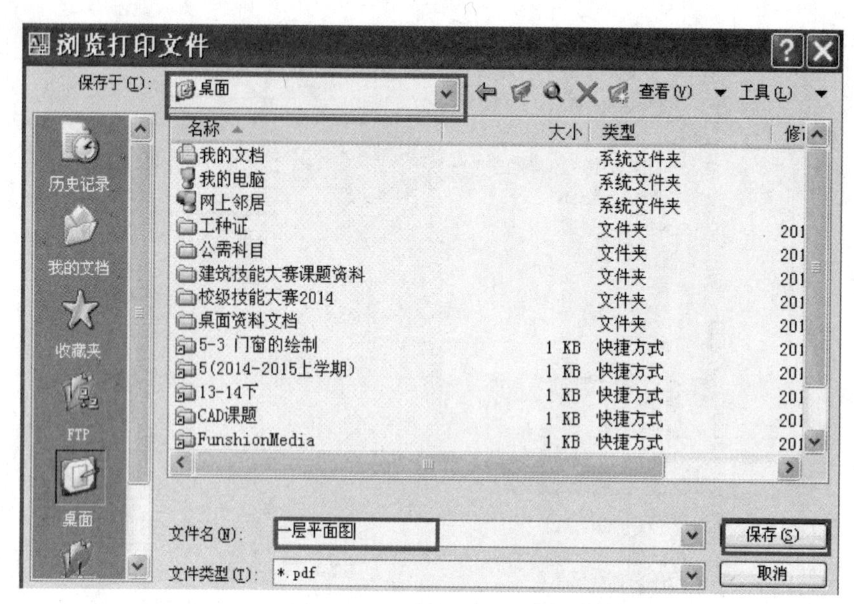

图 9-8 “保存文件”对话框

四、拓展任务

在模型空间单比例输出 png 格式。

虚拟打印输出某小区 11 号楼的门窗详图，如图 9-9 所示。

五、支撑任务的知识与技能

1. 模型空间与图纸空间的区别

通常情况下，将图形对象绘制在模型空间，绘图时按 1∶1 的尺寸进行绘制，在模型空间中可以创建多个视口，在这些视口中通过设置可以观察俯视图、仰视图、左视图等。

图纸空间也称布局空间，用来创建最终的打印布局，可以将模型空间的图形通过图纸空间打印出图。在图纸空间中，可以建立多个视口，将视口设置成不同的比例，即可实现在同一张图纸上打印不同比例的图形。

可以利用 MS 和 PS 命令在模型空间和图纸空间中来回切换。

2. 命令

(1) 插入图框

菜单：文件布图→插入图框
命令：CRTK

说明：执行插入图框命令后，弹出图 9-1，根据需要进行设置。在操作时可以插入图框和标题栏，插入时还可以根据需要，选择是否带有会签栏。用户可以将天正的标题栏和会签栏修改为需要的形式。

(2) 打印

菜单：文件→打印
命令：Plot

说明：打印的快捷键是“Ctrl”+“P”。

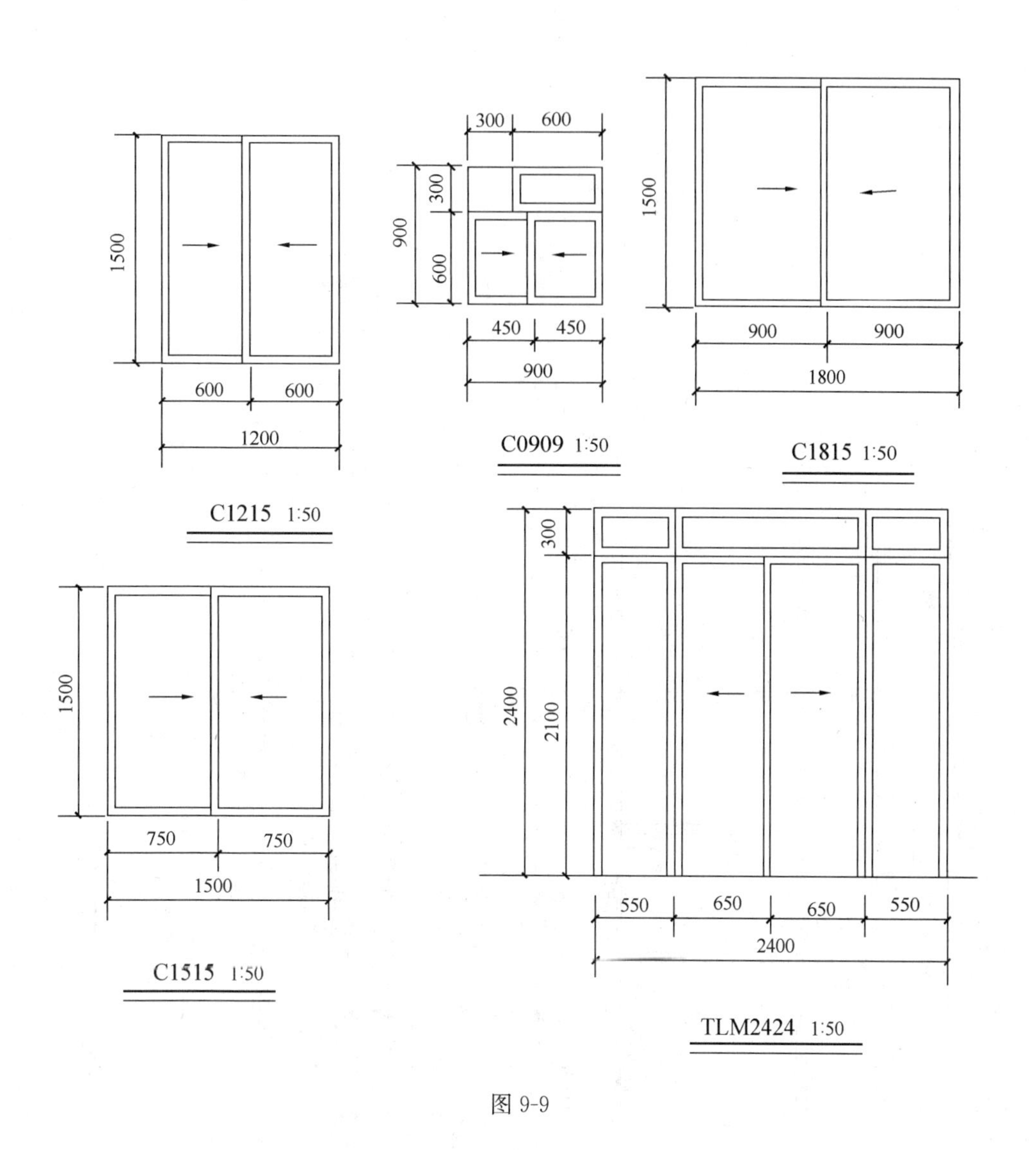

图 9-9

任务 9.2　布局空间多比例输出

一、任务布置与分析

在模型空间中将所有的图样按同一比例绘制，但出图时按多个比例进行出图，将多个不同输出比例的图形打印在一张图纸上，这种布图方式称为多比例布图。本任务将某小区 11 号楼的二～六层平面图以 1∶100 输出，TLM2424 以 1∶50 输出，④号阳台大样图以 1∶25 输出，三个图样输出在同一张 A3 纸上，输出 pdf 文件，原图效果如图 9-10 所示，完成后的成果图如图 9-11 所示。

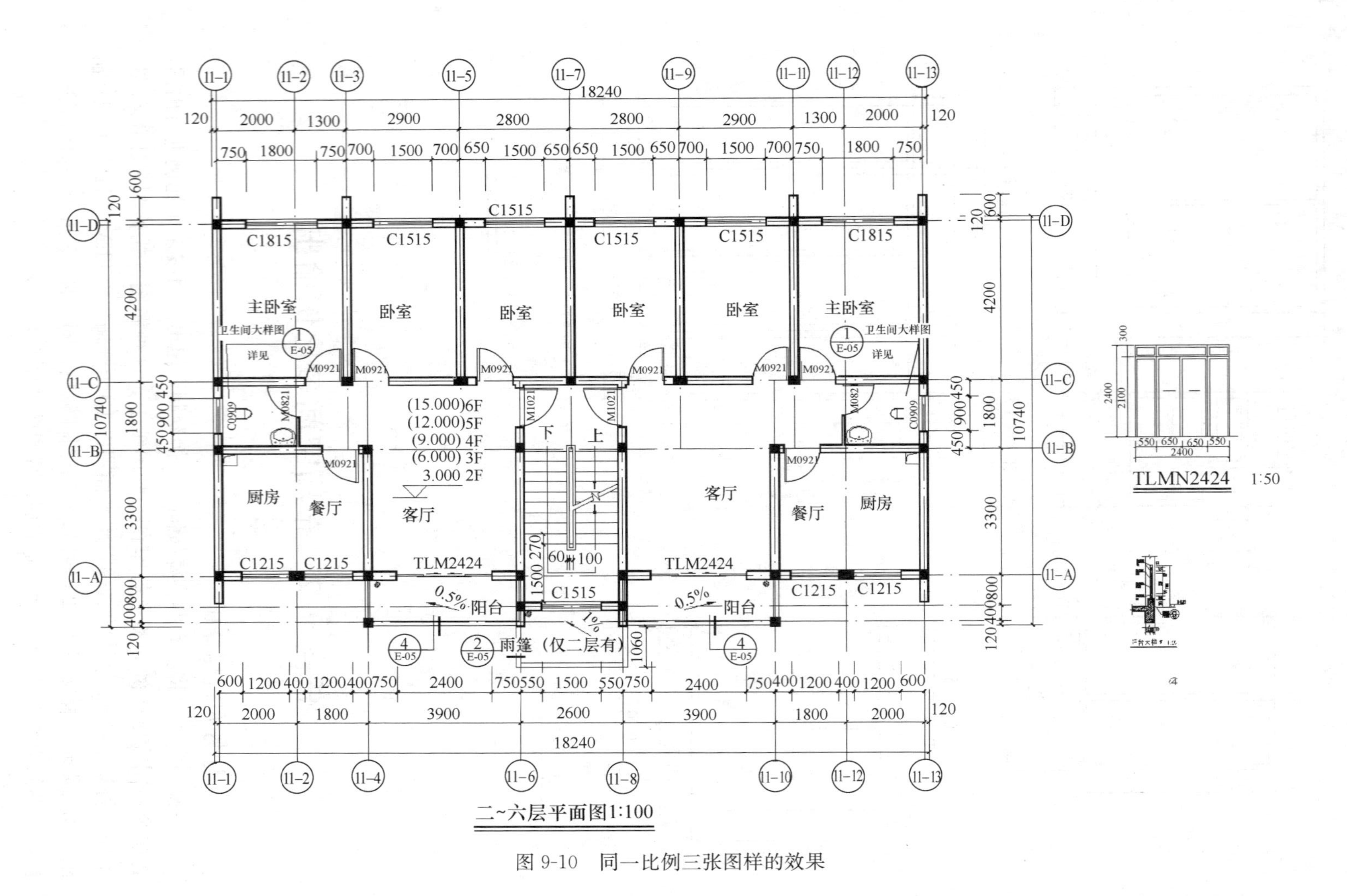

图 9-10 同一比例三张图样的效果

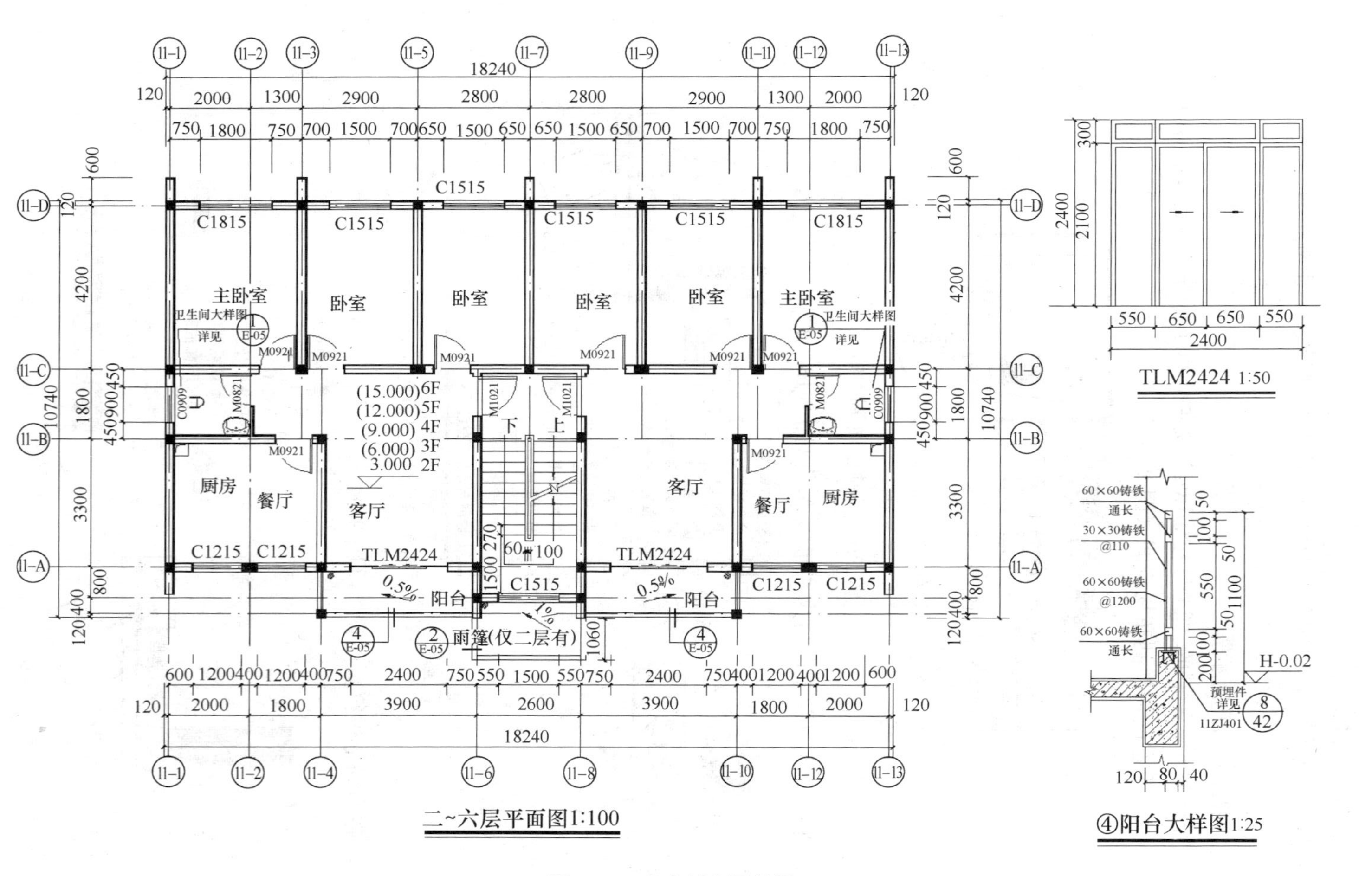

图 9-11 多比例出图效果

二、任务目标

通过完成本任务，掌握布局的设置、多视口创建、多比例布图。

三、绘图方法及步骤

打开任务 8.2 绘制的“11 号楼 .dwg”文件，以下操作均在此文件中进行。

1. 从模型空间切换到布局空间（图 9-12）

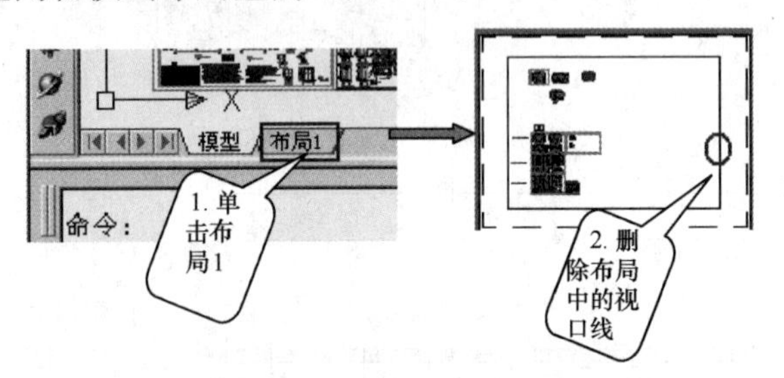

图 9-12　转换到布局空间

2. 将“布局 1”重命名为“布局 A3”（图 9-13）

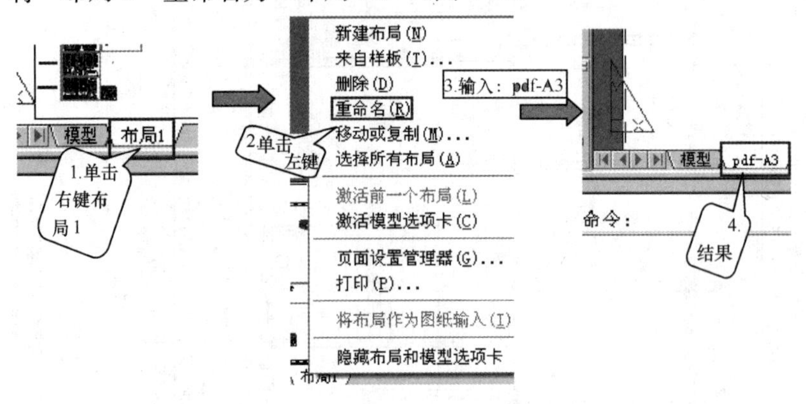

图 9-13　对布局命名

3. 在布局中进行页面设置（图 9-14）

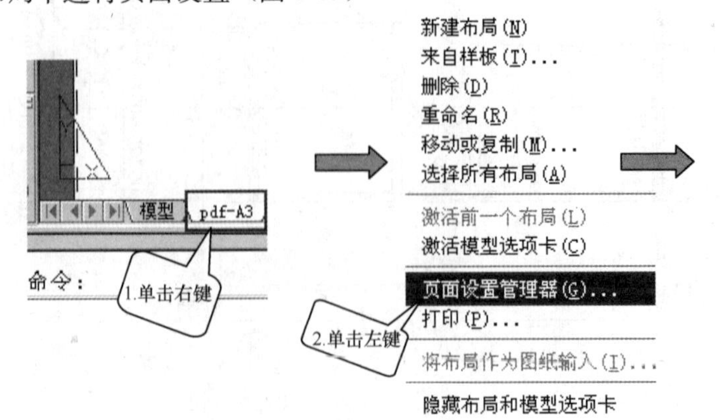

图 9-14　页面设置管理器（一）

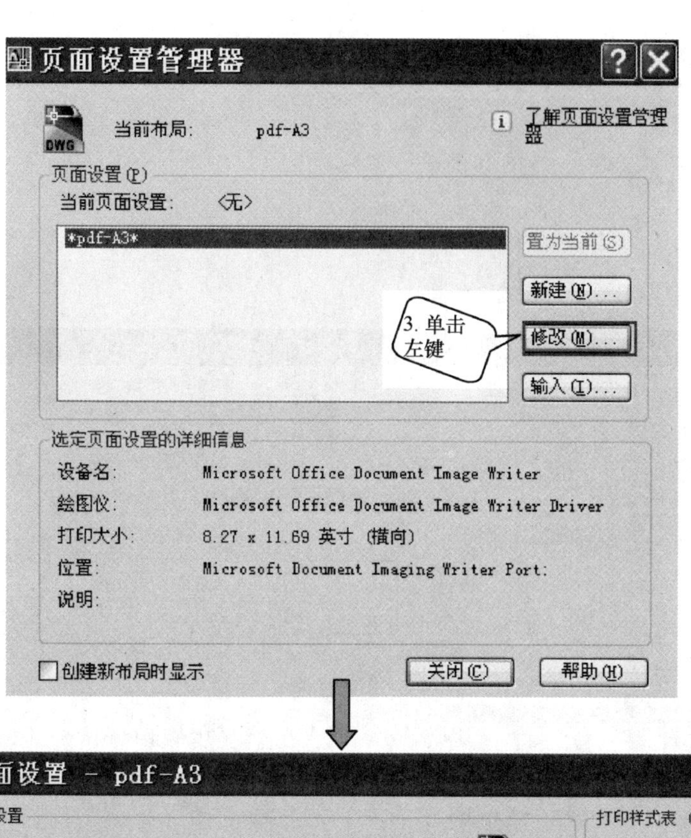

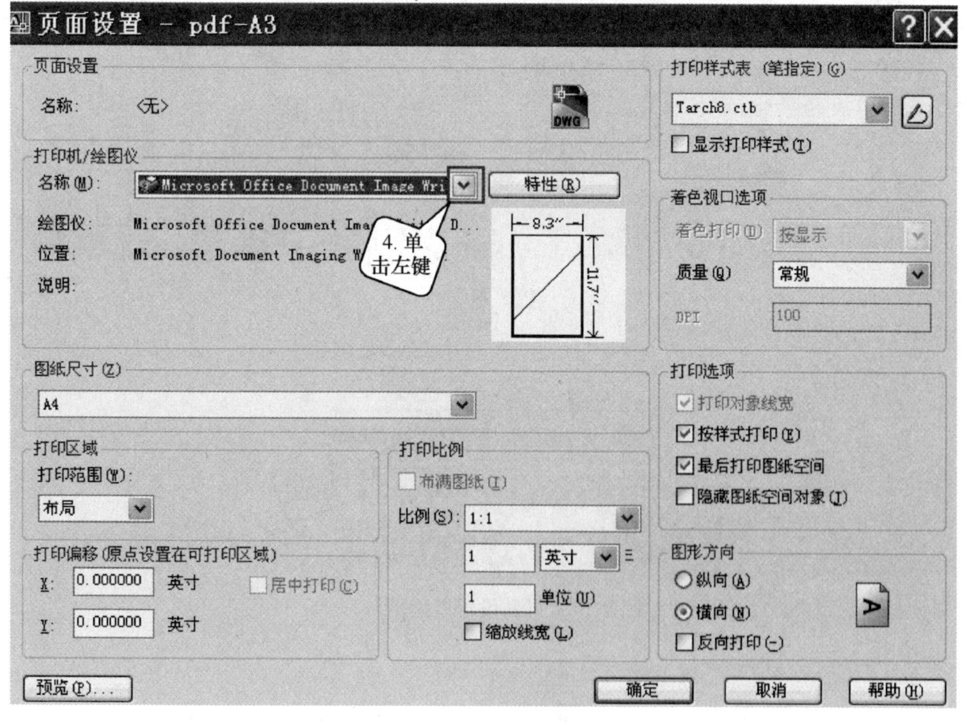

图 9-14　页面设置管理器（二）

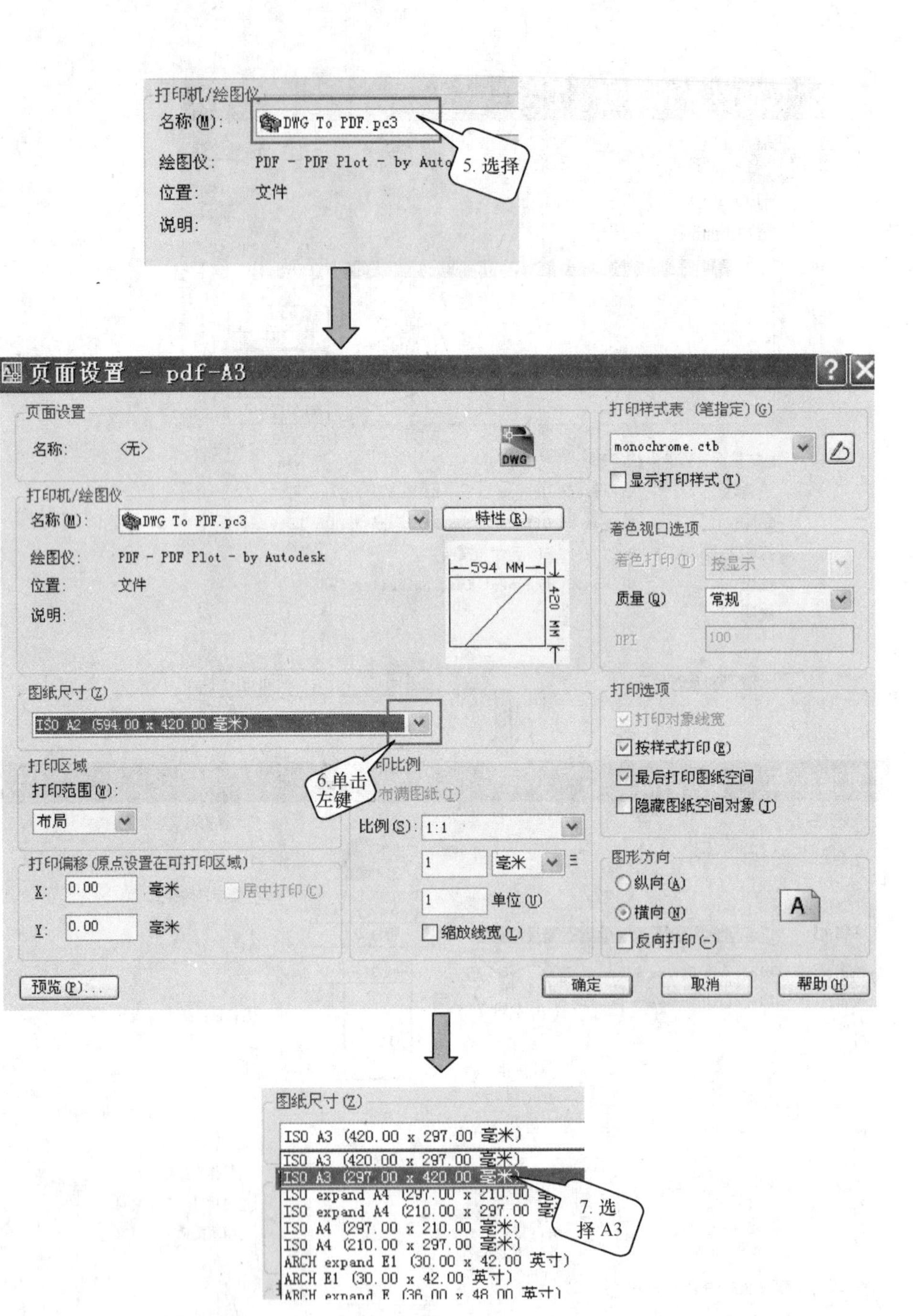

图 9-14　页面设置管理器（三）

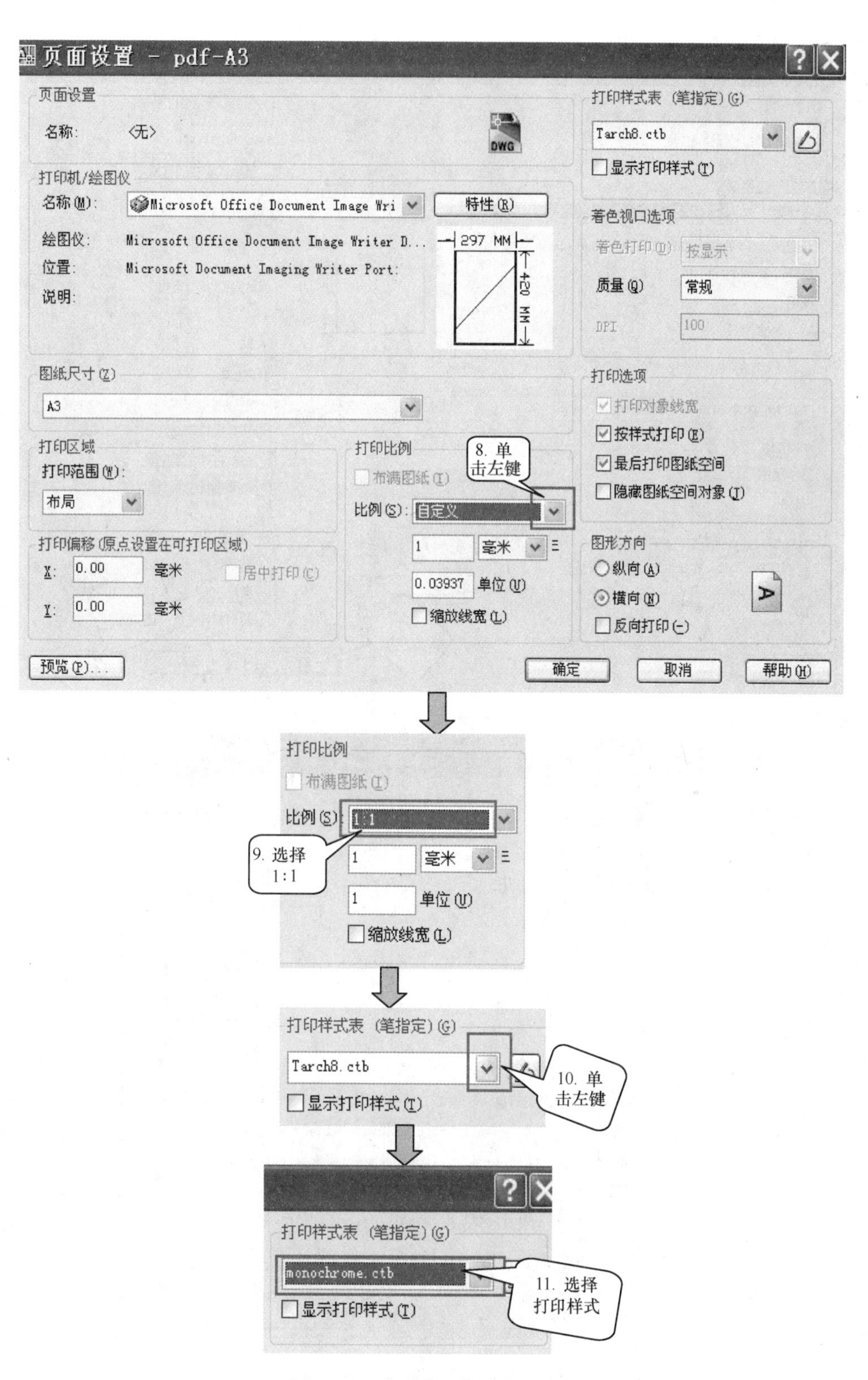

图 9-14　页面设置管理器（四）

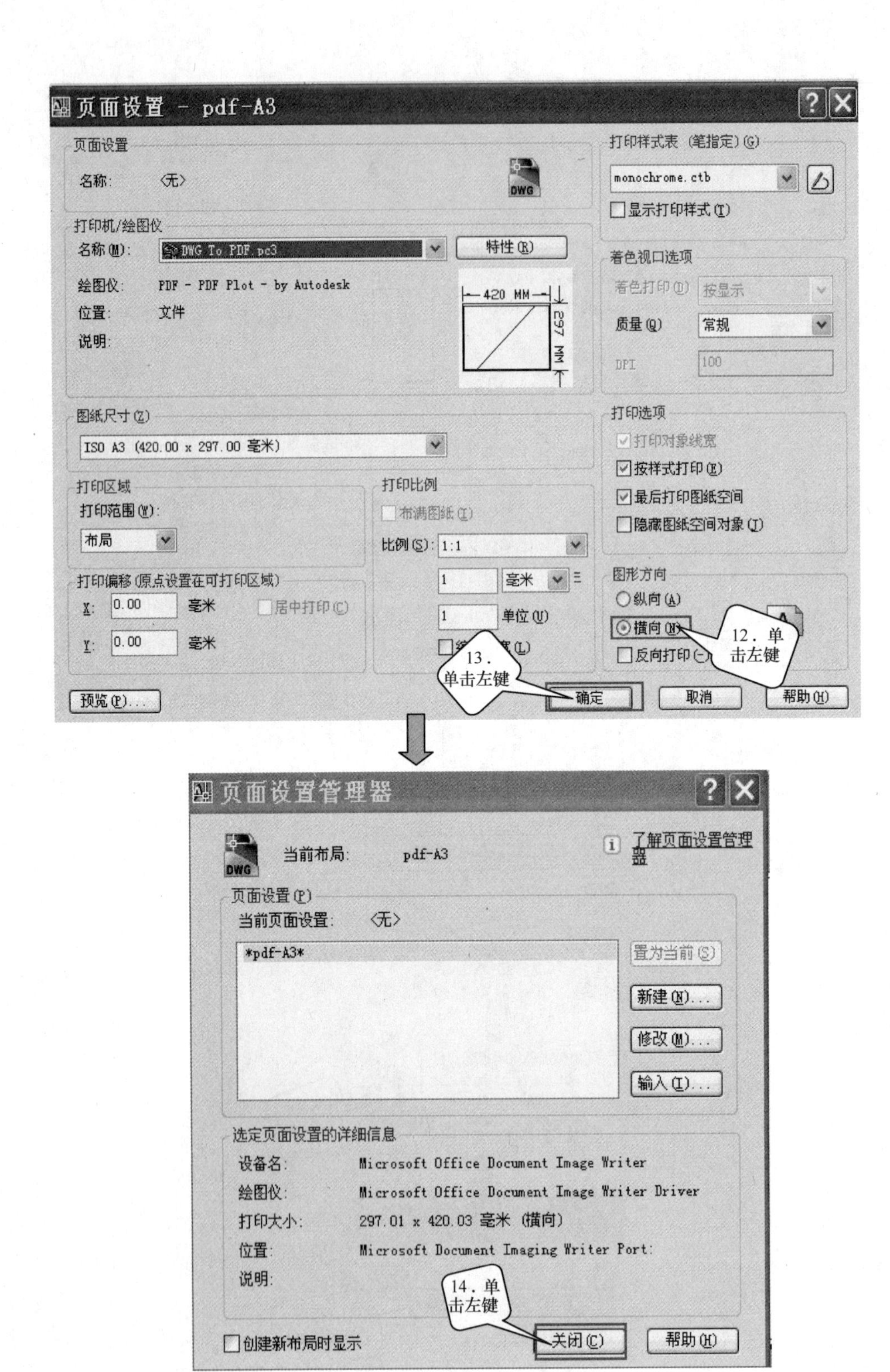

图 9-14 页面设置管理器(五)

4. 在布局中插入图框（图 9-15）

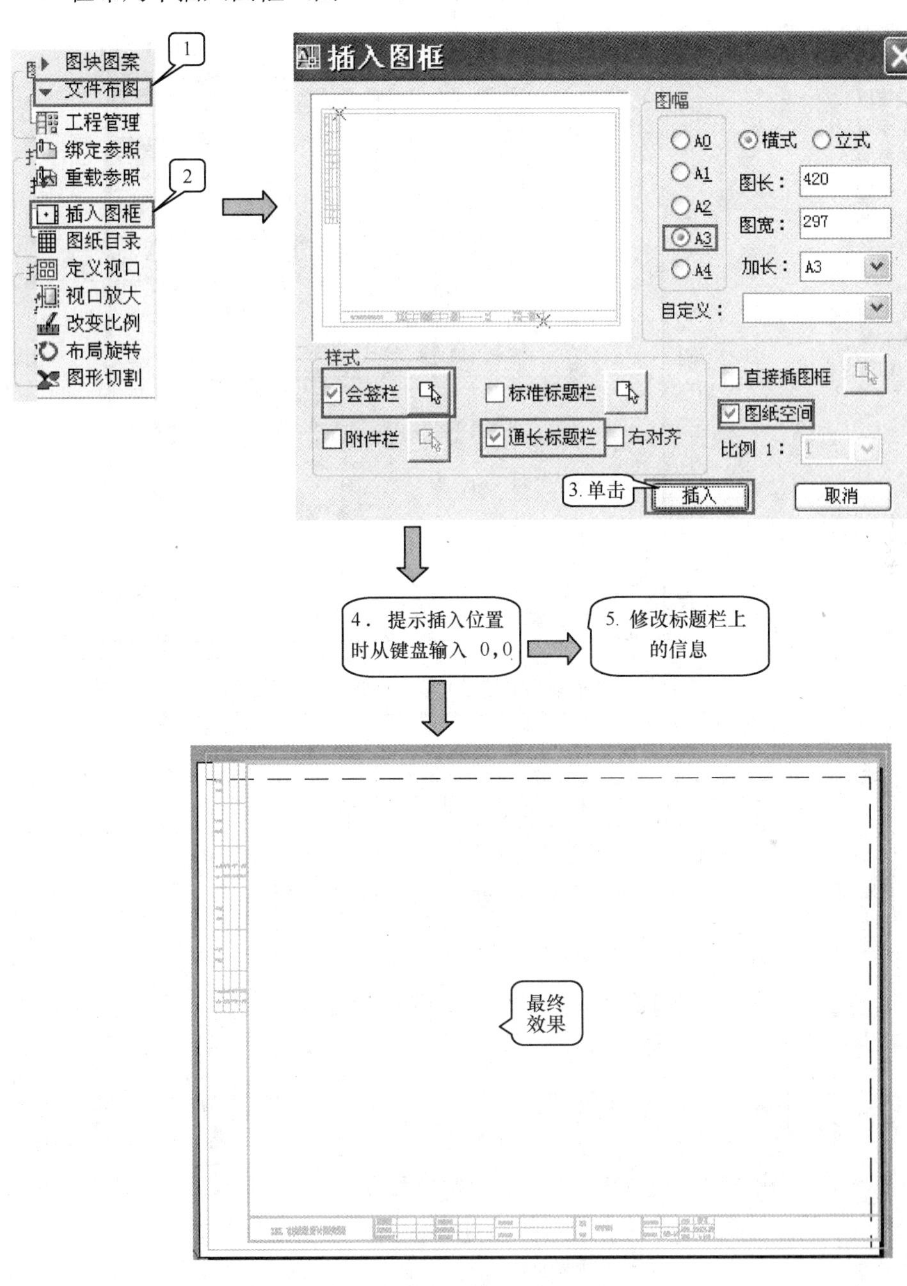

图 9-15　在布局插入 A3 图框

5. 在布局中多比例布图（图 9-16、图 9-17）

（1）定义第 1 个视口，即 1∶100 比例的图。

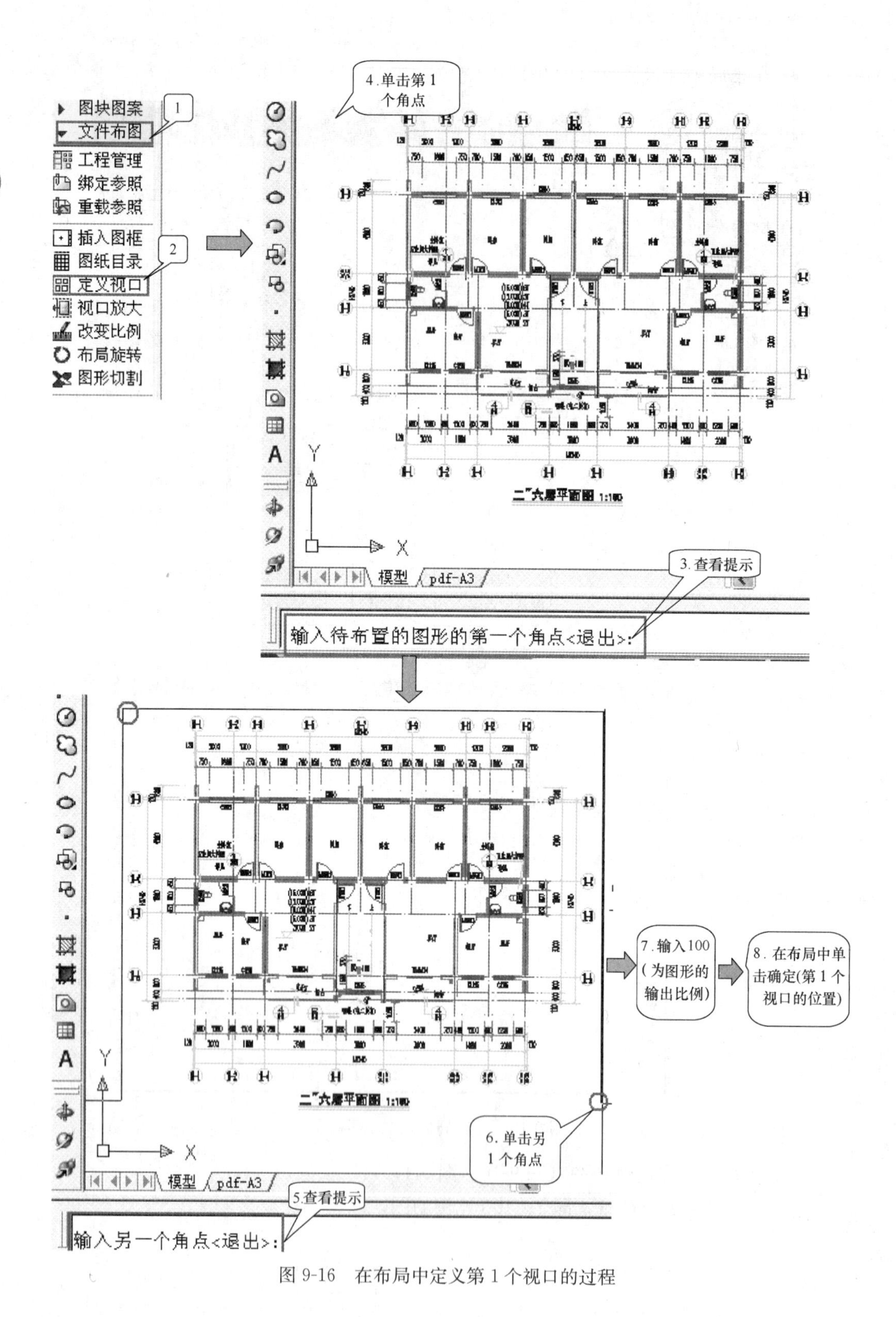

图 9-16　在布局中定义第 1 个视口的过程

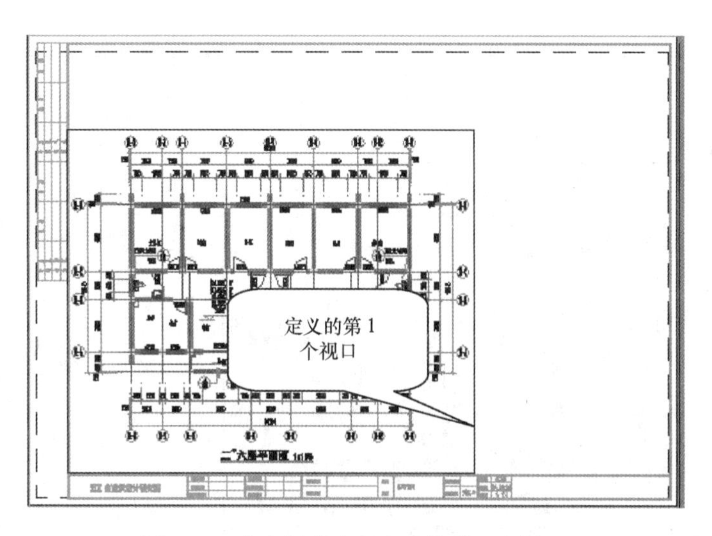

图 9-17　在布局中定义完成的第 1 个视口

（2）定义第 2 个视口，即 1∶50 比例的图（图 9-18、图 9-19）。

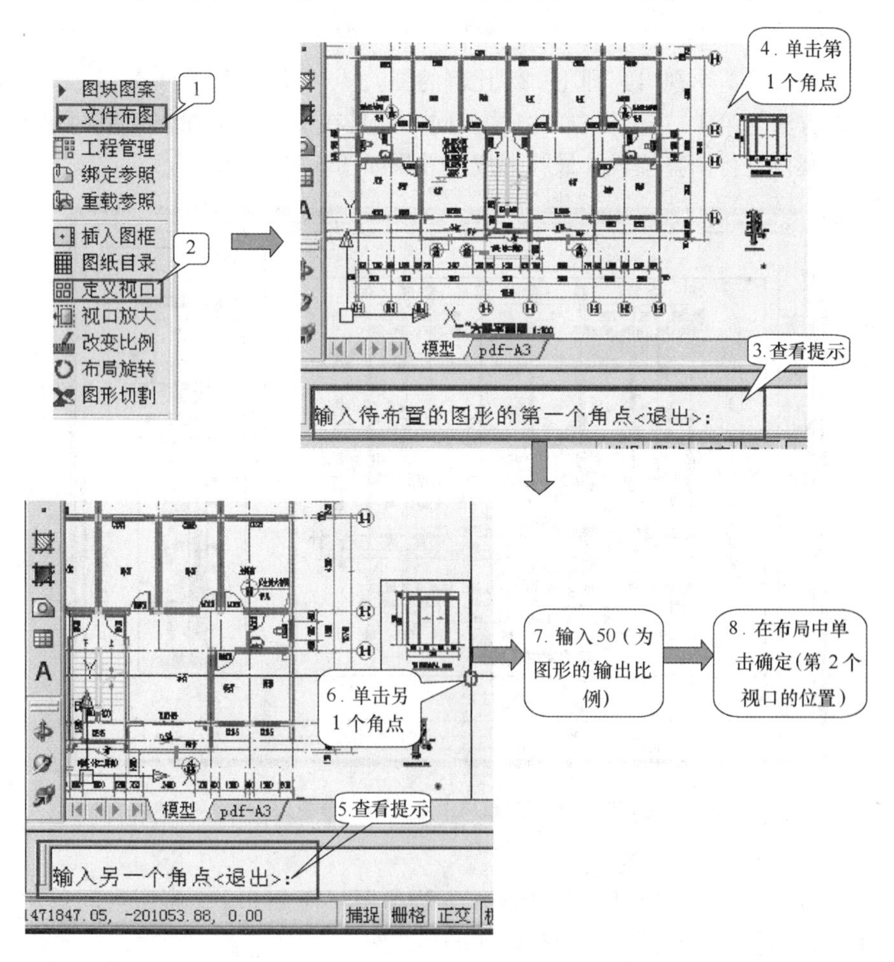

图 9-18　在布局中定义第 2 个视口的过程

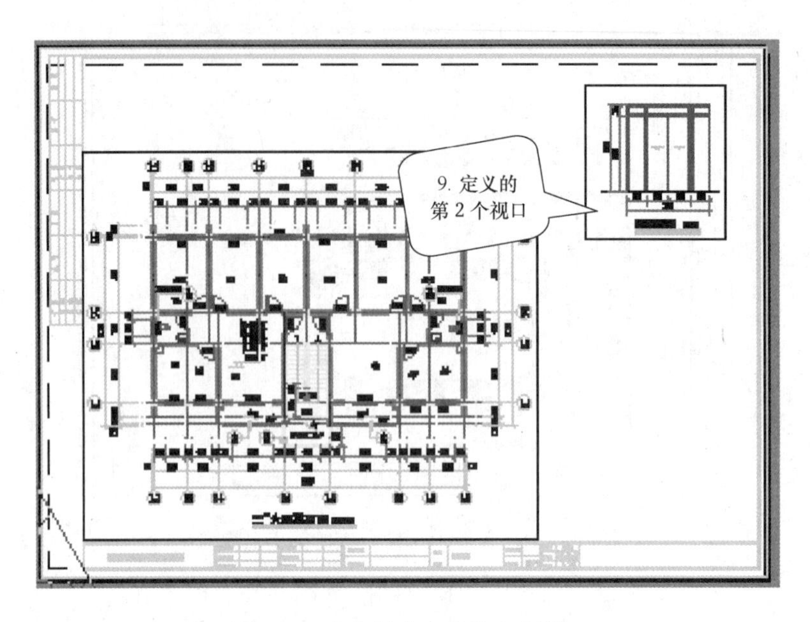

图 9-19　在布局中定义第 2 个视口

(3) 定义第 3 个视口，即 1：25 比例的图。

操作方法与第 1、2 个视口的方法相同，只是在提示图形输出比例时输入 25。通过移动视口进行调整位置，最终形成的效果如图 9-20 所示。

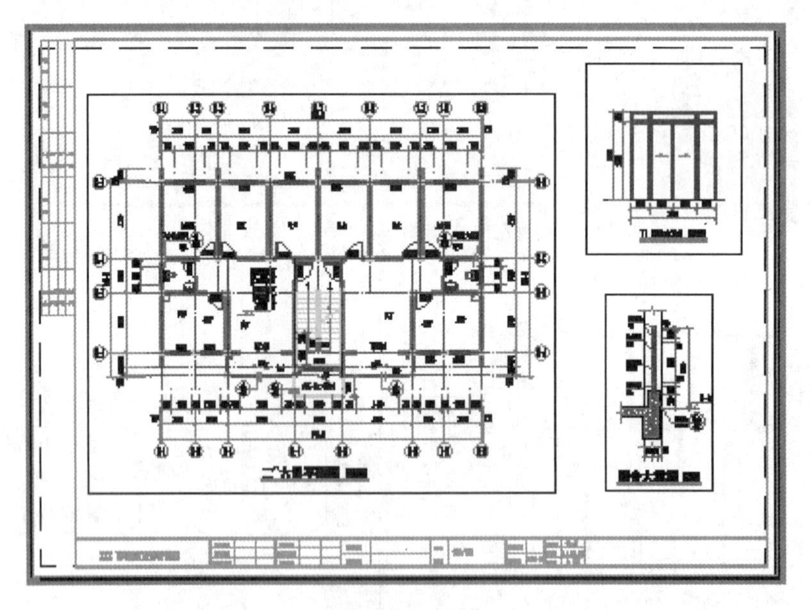

图 9-20　在布局中定义第 3 个视口

6. 生成 pdf 格式的文件

将视口线设置成不打印，打印操作方法参照“任务 9.1　模型空间单比例输出”中操作步骤中的将图形虚拟打印成 pdf 文件。

最终生成的 pdf 文件为“多比例输出 . pdf”，文件如图 9-21 所示，文件最终成果如图 9-11 所示。

7. 将以上布局设置的图样用 A3 纸从打印机输出

假设电脑连接的打印机的型号为"HP lasevjet 1200 sevies"。

文件→打印→弹出如图 9-22 所示对话框，在对话框中进行设置→设置完成单击确定→打印机自动出图。

图 9-21 pdf 文件

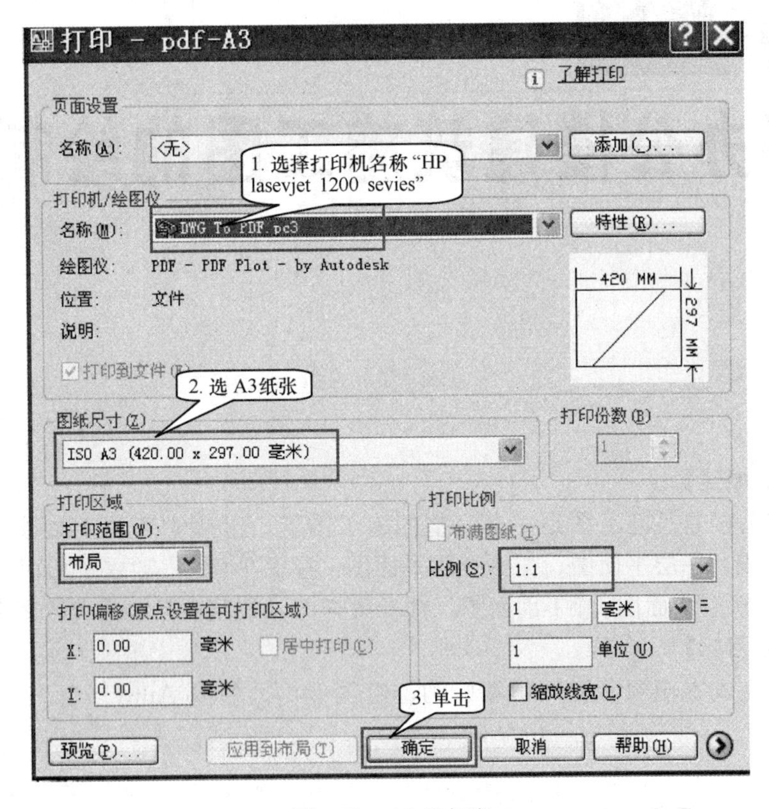

图 9-22 A3 纸打印

四、拓展任务

在布局空间多比例输出 dwf 格式文件。

打印输出某小区 11 号楼的①-⑬号轴的立面图与二层楼梯的详图。

五、支撑任务的知识与技能

AutoCAD 在完成绘制之后，保存时所选的文件类型有 dwg、dws、dwt、dxf。其中前三种格式的含义分别如下：

（1）dwg——AutoCAD 的图形文件，可以和多种文件格进行转化，如 dwf。

（2）dws——AutoCAD 的图形标准检查文件。

（3）dwt——AutoCAD 的样板文件。

项目 10

某办公楼建筑施工图的绘制

【项目概述】

某办公楼建筑施工图是一套完整的施工图纸，包括建筑设计说明、图纸目录与门窗表、一层平面图、二～五层平面图，屋面平面图、①-⑦立面图、⑦-①立面图、Ⓐ-Ⓓ立面图、1-1 剖面图、楼梯大样图。按照项目要求进行图形绘制。

【项目目标】

通过完成本项目，提高识图能力、绘图能力，精通 AutoCAD 与天正建筑软件。

一、项目任务分解（图 10-1）

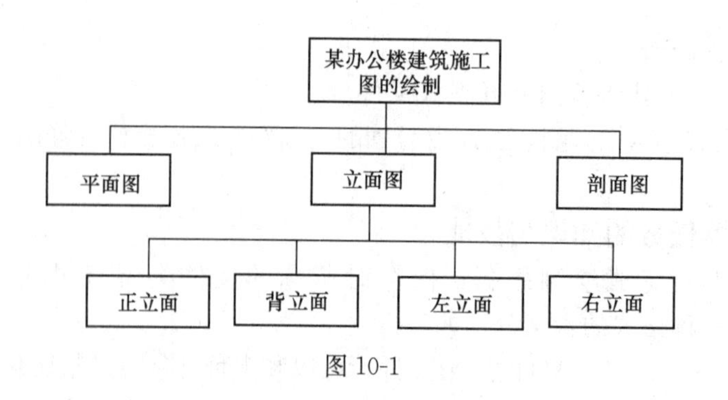

图 10-1

二、项目任务书的样板设计（可根据实际更改或重新制作）

表 10-1

项目名称	某办公楼建筑施工图的绘制			
项目负责人	王二	项目组成员	李小明、王丽、邹佳明、唐丽、李小小、张三	
开始日期	2015.5.16		完成日期	2015.5.19
项目需求	完成某办公楼建筑施工图，并审核			
项目交付物	某办公楼建筑施工图			
批准人				

三、任务清单

表 10-2

序号	阶段	任务名称	组员	任务描述	时间	预期成果
1	计划	由负责人分工	全体	由负责人来描述该项目，并进行分工合作	2014.5.16 上午（半天）	各成员了解自己的任务
2	准备	安装各自需要的软件	全体	检查各自的电脑能否正常运行，所需的软件是否安装完成	2014.5.16 下午（半天）	电脑能正常运行，软件能使用
3	实施	绘制图	李小明	建施 1：建筑设计说明、图纸目录、门窗表	2014.5.17～18 （2 天）	绘制该子项目的图
4		绘制图	王丽	建施 2：一层平面图	2014.5.17～18 （2 天）	绘制该子项目的图
5		绘制图	邹佳明	建施 3：二～五层平面图 建施 4：屋面平面图	2014.5.17～18 （2 天）	绘制该子项目的图
6		绘制图	唐丽	建施 5：①-⑦立面图	2014.5.17～18 （2 天）	绘制该子项目的图
7		绘制图	李小小	建施 6：⑦-①立面图 建施 7：Ⓐ-Ⓓ立面图	2014.5.17～18 （2 天）	绘制该子项目的图
8		绘制图	张三	建施 8：1-1 剖面图 建施 9：楼梯大样图	2014.5.17 ～18（2 天）	绘制该子项目的图
9		检查各成组员的进度及协调	王二	检查各图纸是否有偏差及协调任务	2014.5.17～18 （2 天）	绘制该子项目的图
10		汇总，审核	王二	将各组员的图纸汇总，并审核	2014.5.19（1 天）	打印出图
11	检验	报送成果				

四、图纸

1. 建施1：建筑设计说明、图纸目录、门窗表（图10-2～图10-4）

建筑设计说明

1. 工程名称：某办公楼	2. 工程建设地点：××××
3. 结构形式：砖混结构	4. 建筑面积：　　m²
5. 建筑层数：地上5层	6. 建筑高度：16.20m
7. 建筑工程设计等级分类：二级	8. 抗震的设防烈度：六度
9. 建筑耐火等级：Ⅱ 级	10. 设计合理使用年限：50年
11. 天面防水等级：Ⅱ 级	12. 防水层合理使用年限：15年
13. 本工程引用标准图集为《西南地区建筑标准设计适用图》西南 J112－812	
14. 凡粉刷、涂料、油漆等先作样板，待现场定样后再施工	

图 10-2

图纸目录

图　名	内　　容
建施1	建筑设计说明、图纸目录、门窗表
建施2	一层平面图
建施3	二～五层平面图
建施4	屋面平面图
建施5	①-⑦立面图
建施6	⑦-①立面图
建施7	Ⓐ-Ⓓ立面图
建施8	1-1剖面图
建施9	楼梯大样图

图 10-3

门窗表

门、窗编号	门窗类型名称	洞口尺寸	数量	备注
M1021	平开镶板门	1000×2100	55	
M2	钢板门（有亮子）	1860×2400	3	
C2118	推拉窗	2100×1800	40	
C1818	推拉窗	1800×1800	5	
C1809	推拉窗	1800×900	15	
C2	推拉窗	1860×1800	4	

图 10-4

2. 建施 2：一层平面图（图 10-5）

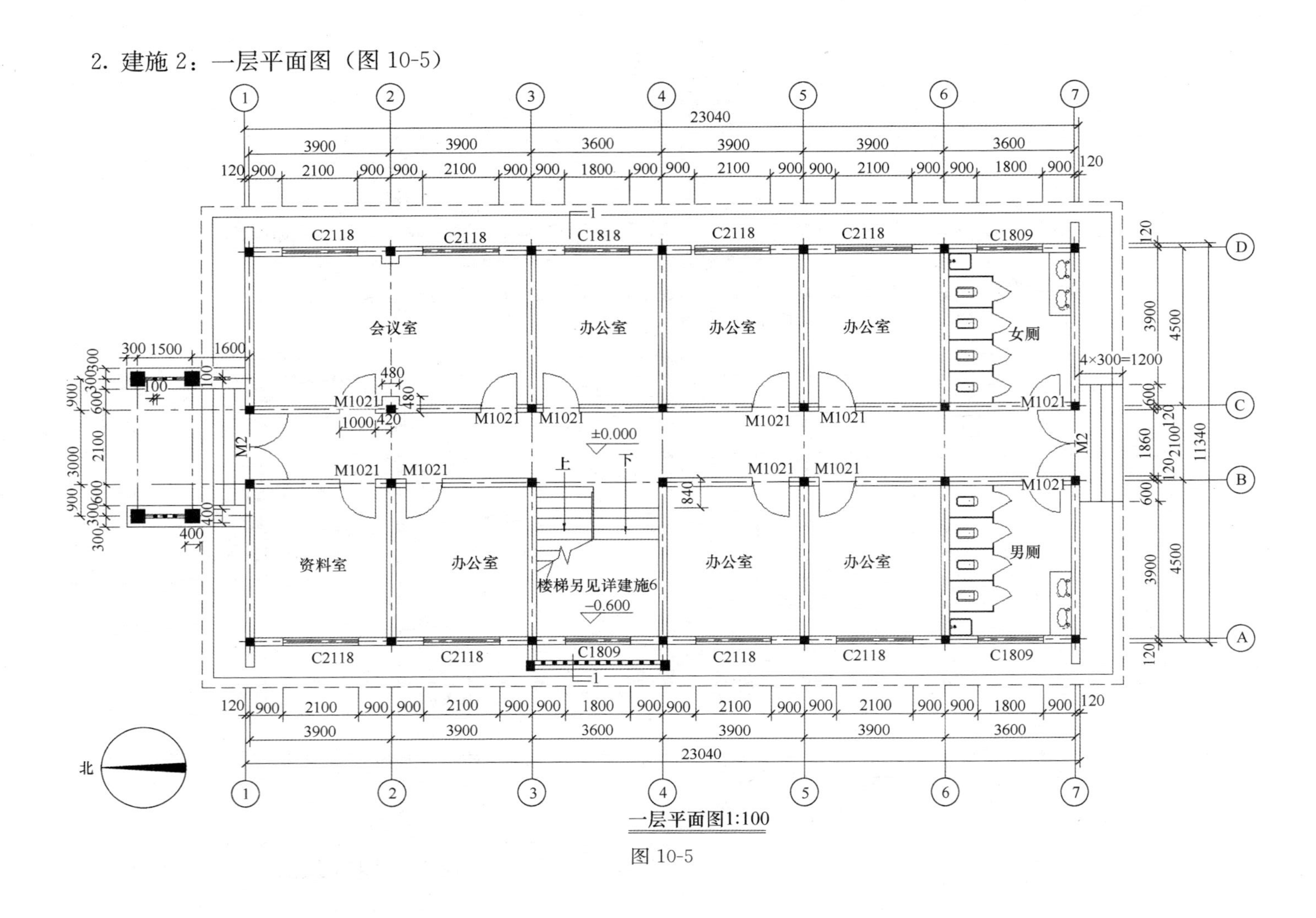

图 10-5

3. 建施 3：二～五层平面图（图 10-6）

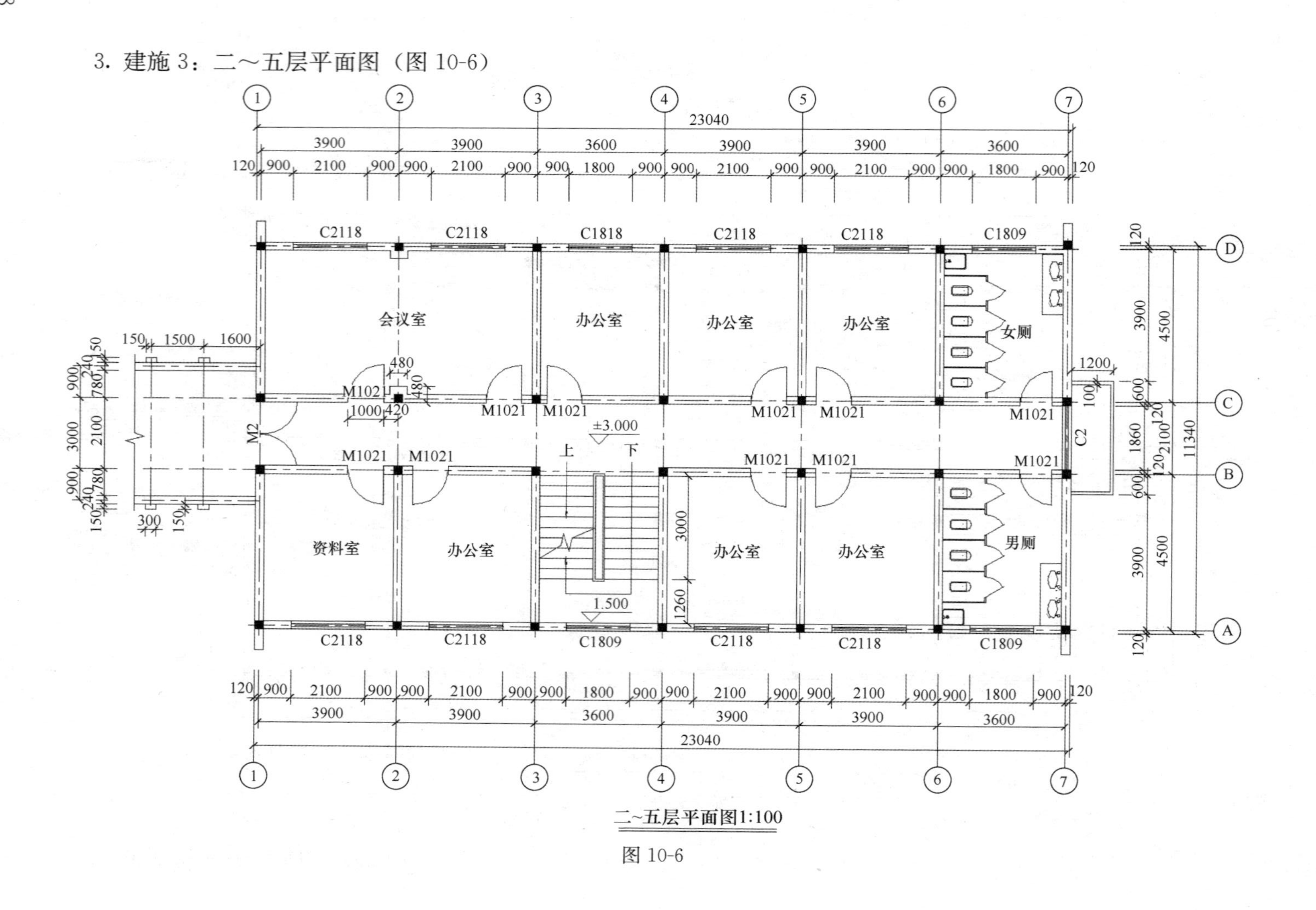

二～五层平面图1:100

图 10-6

4. 建施 4：屋面平面图（图 10-7）

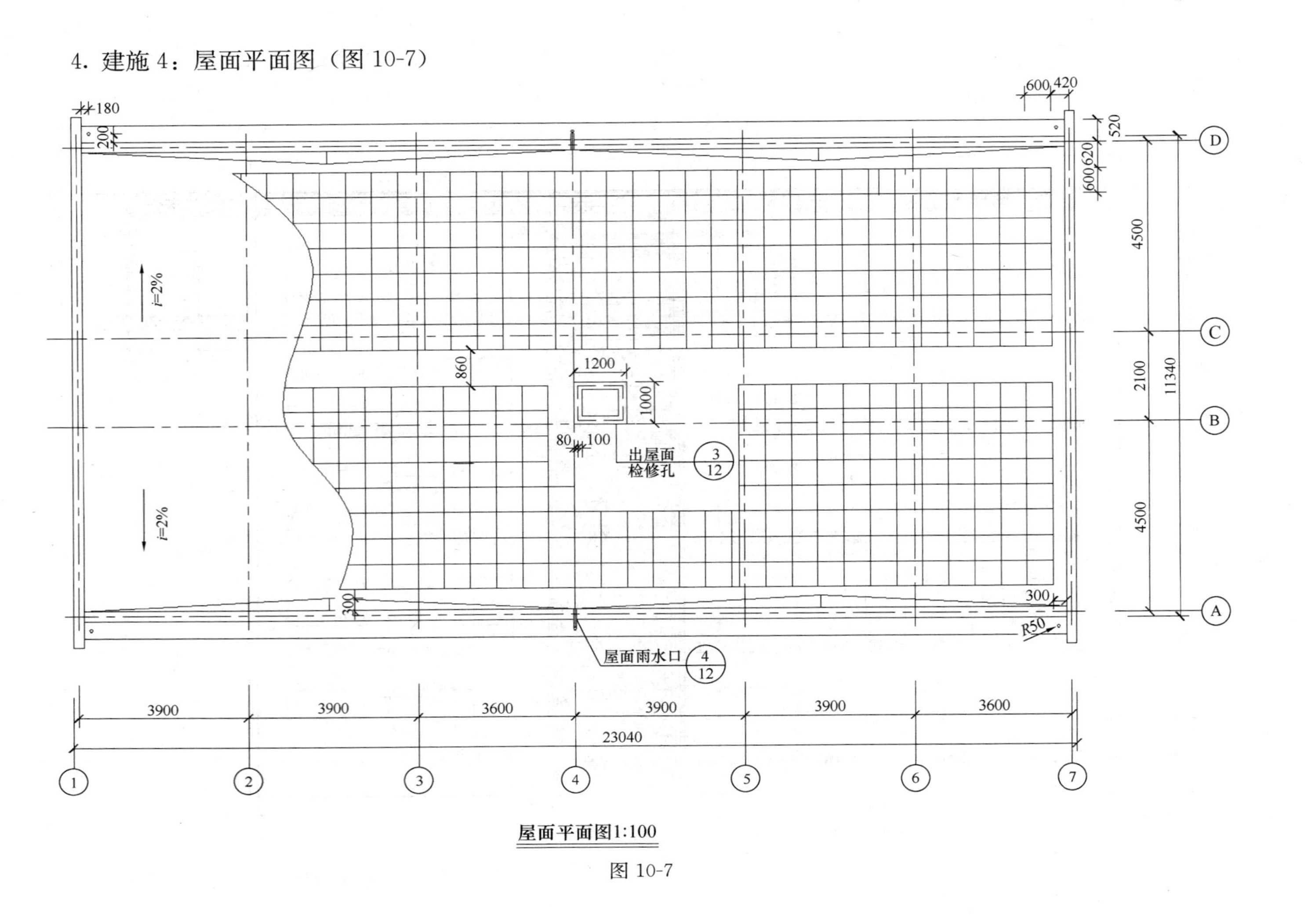

屋面平面图1:100

图 10-7

5. 建施 5：①-⑦立面图（图 10-8）

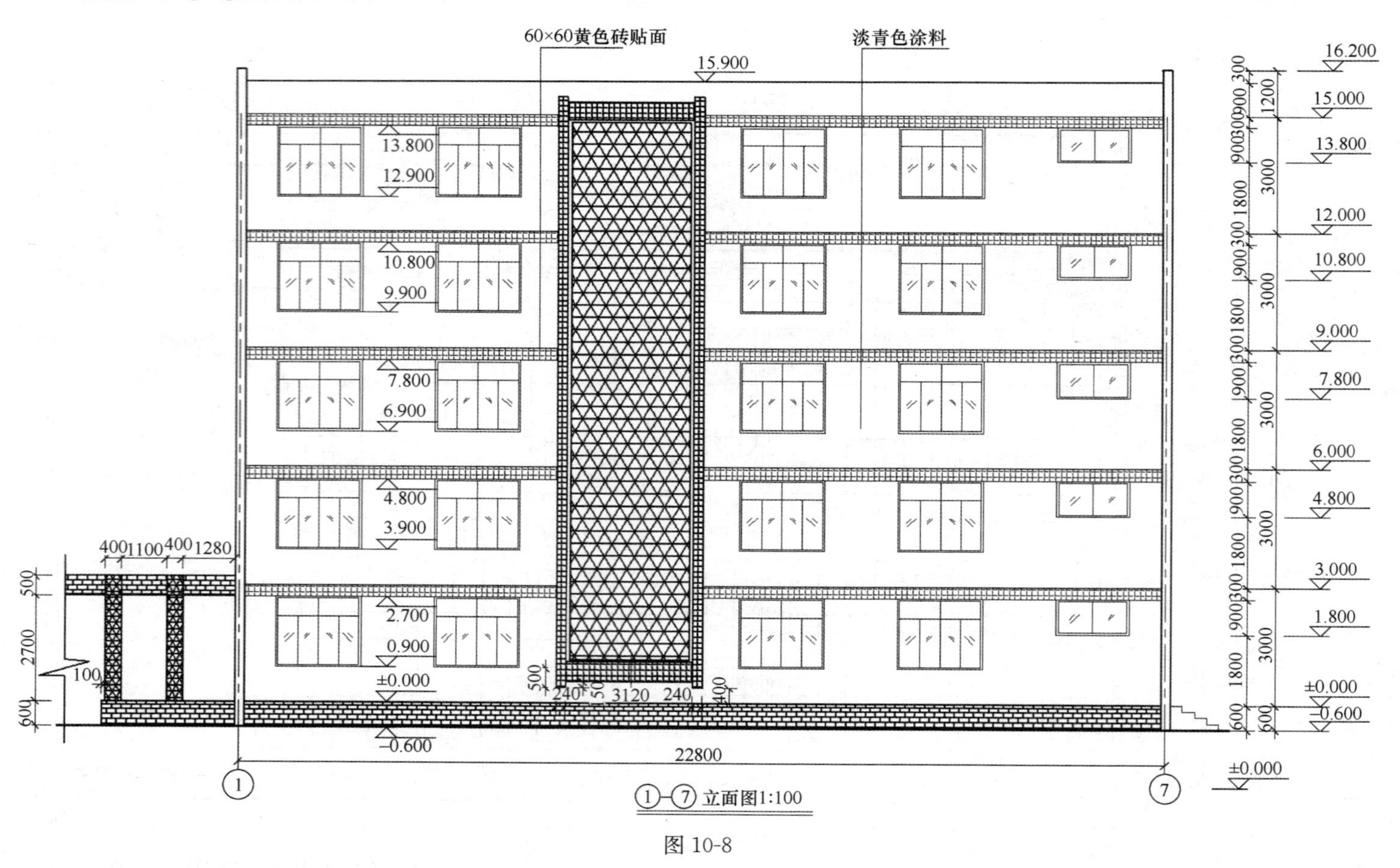

①-⑦ 立面图1:100

图 10-8

6. 建施 6：⑦-①立面图（图 10-9）

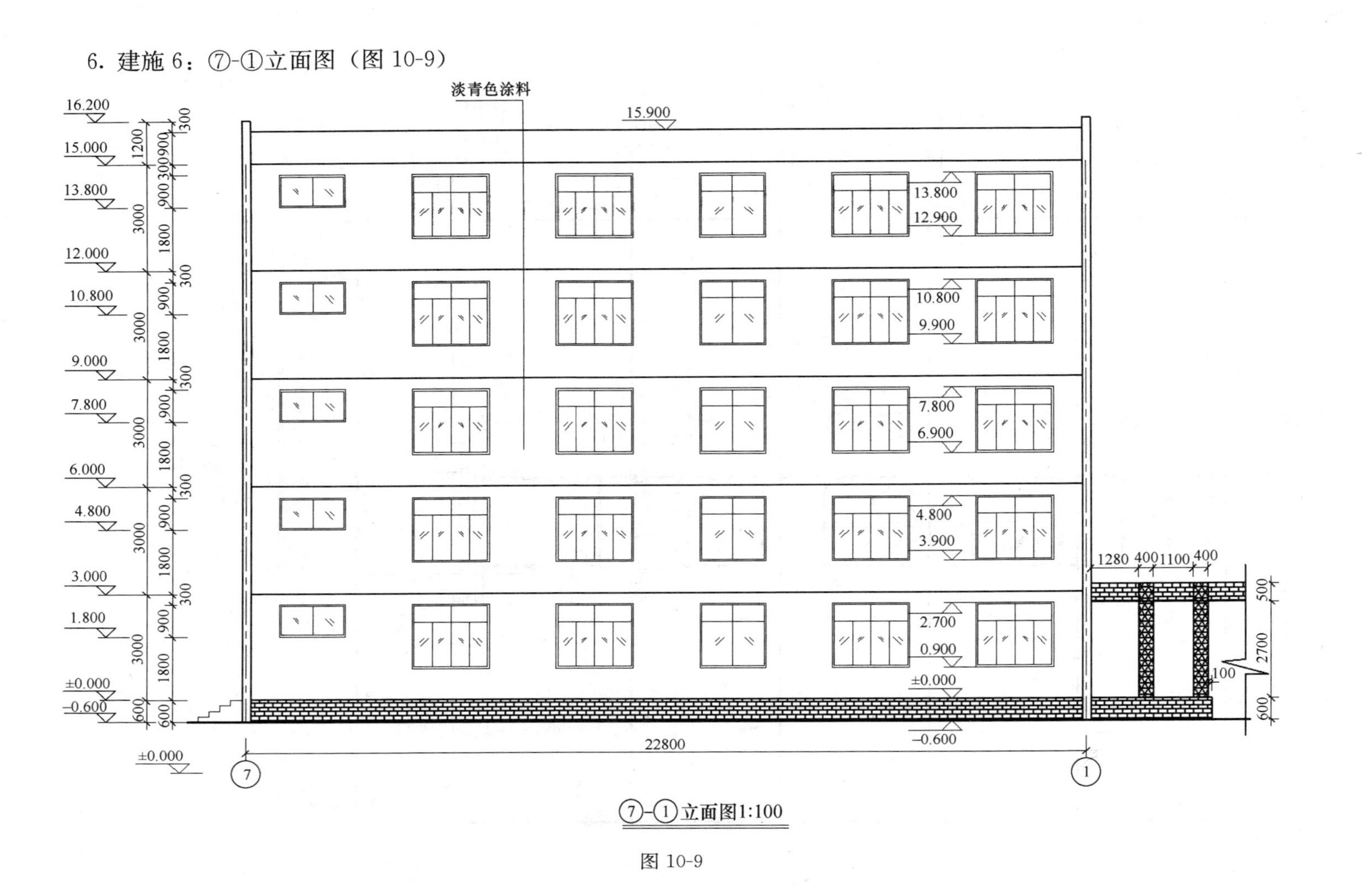

图 10-9

7. 建施7：Ⓐ-Ⓓ立面图（图10-10）

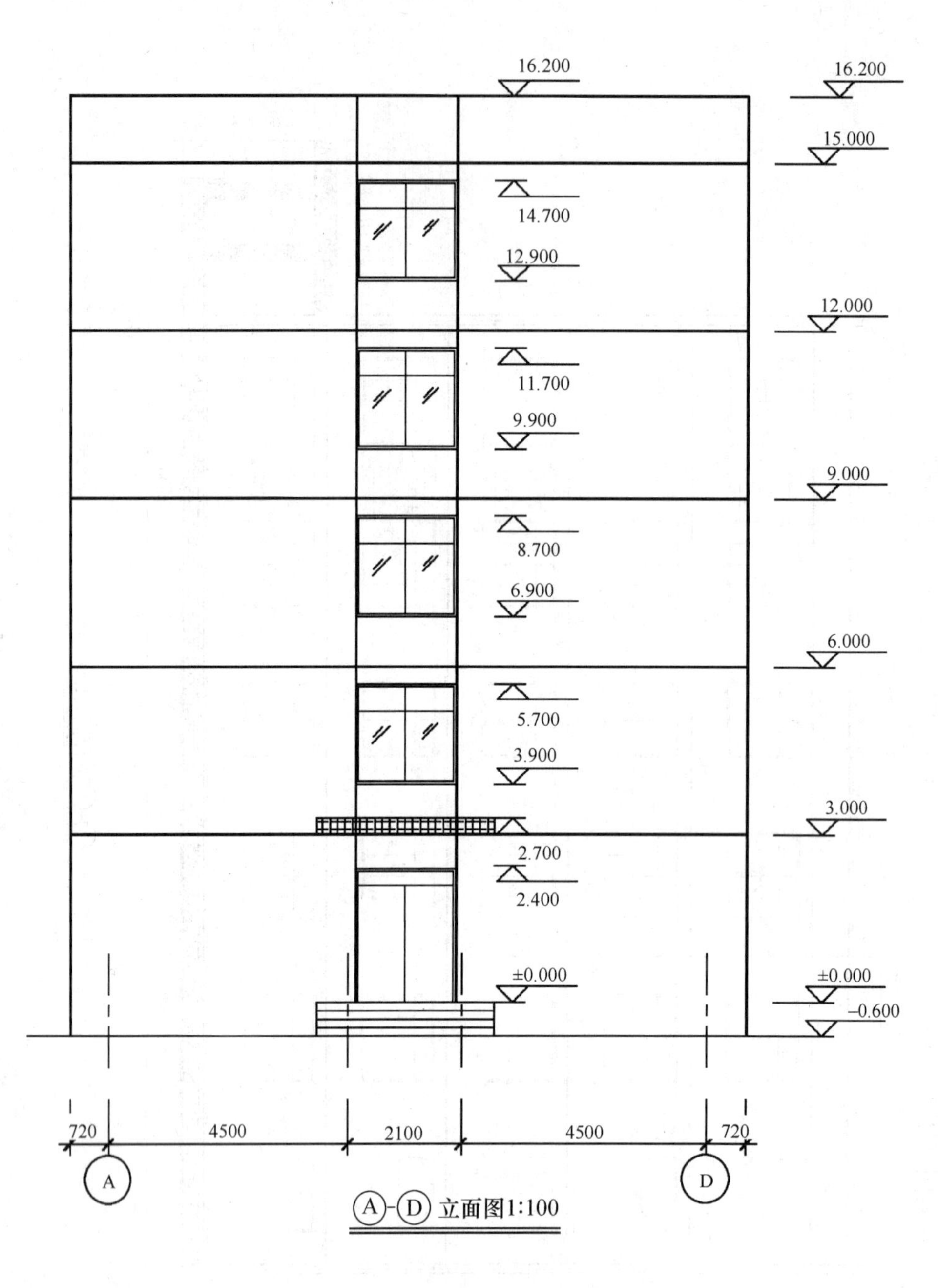

图10-10

8. 建施 8：1-1 剖面图（图 10-11）

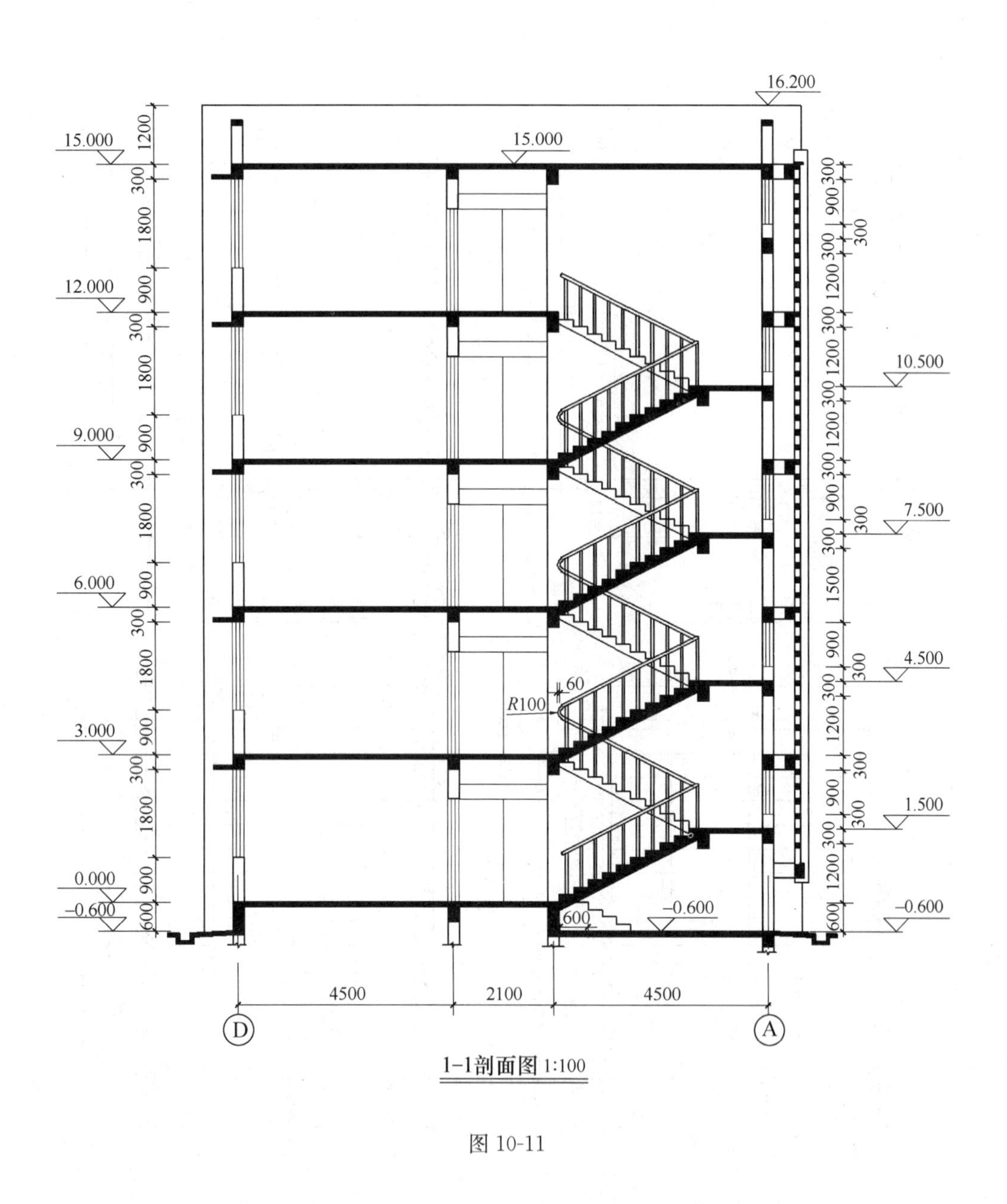

图 10-11

9．建施 9：楼梯大样图（图 10-12）

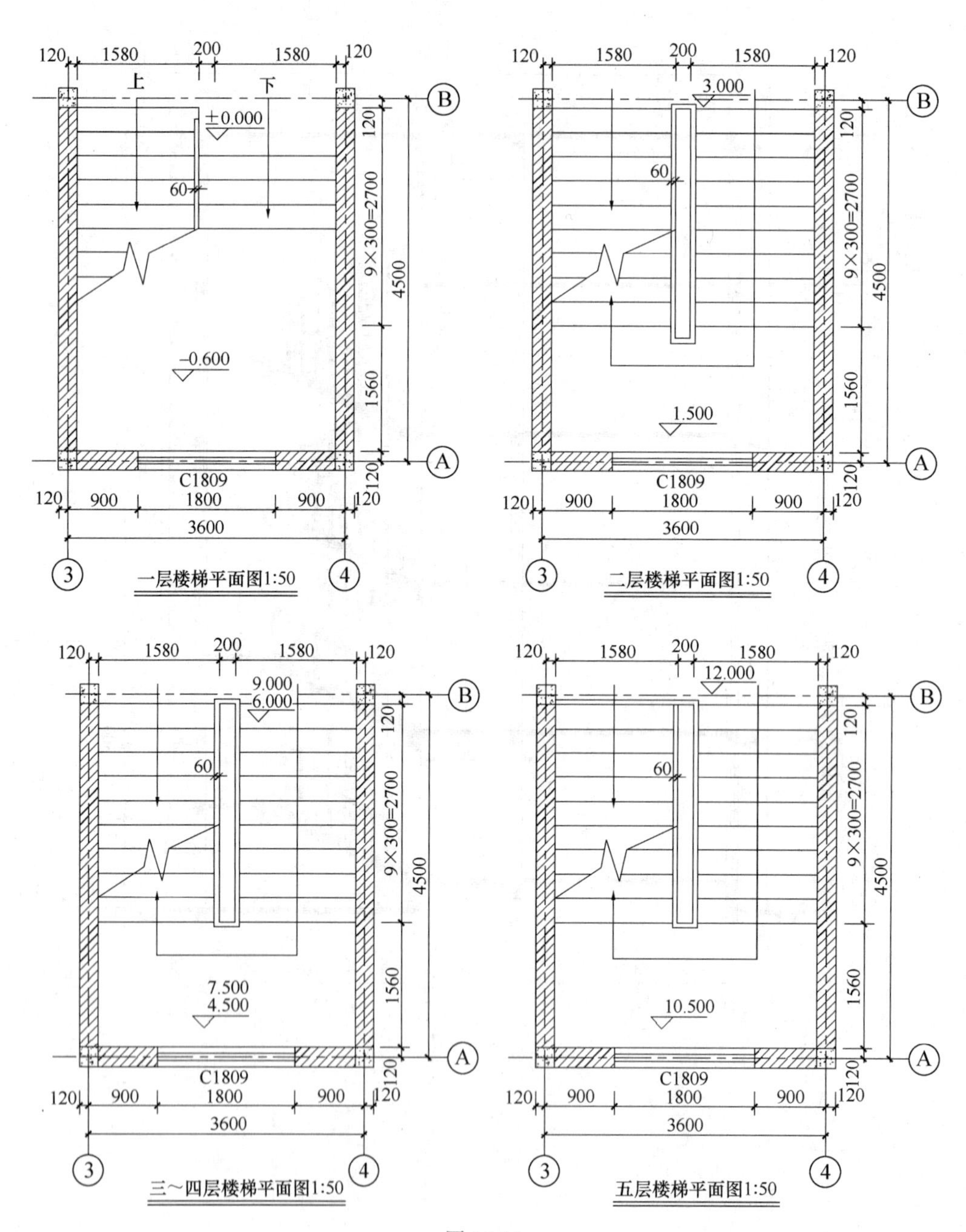

图 10-12

五、支撑任务的知识与技能

1. 了解项目任务（图 10-13）

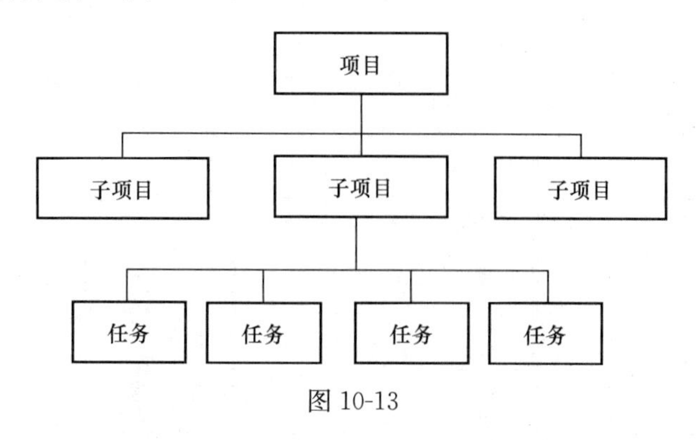

图 10-13

2. 项目任务书的样板设计（可根据实际更改或重新制作）

表 10-3

<table>
<tr><td>项目名称</td><td colspan="4"></td></tr>
<tr><td>项目负责人</td><td></td><td>项目组成员</td><td colspan="2"></td></tr>
<tr><td>开始日期</td><td colspan="2"></td><td>完成日期</td><td></td></tr>
<tr><td>项目需求</td><td colspan="4"></td></tr>
<tr><td>项目交付物</td><td colspan="4"></td></tr>
<tr><td>批准人</td><td colspan="4"></td></tr>
</table>

3. 任务清单

表 10-4

序号	阶段	任务名称	组员	任务描述	时间	预期成果
1						
2						
3						
…						

附录　AutoCAD基本命令与快捷键

一、绘图命令

中文名称	英文名称	别名
直线	Line	L
圆	Circle	C
圆弧	Arc	A
构造线	Xline	XL
多线样式	Mlstyle	
多线	Mline	ML
多线修改	Mledit	
多段线	Pline	PL
多段线编辑	Pedit	Pe
样条曲线	Spline	Spl
矩形	Rectang	Rec
椭圆	Ellipse	EL
正多边形	Polgon	Pol
圆环	Dount	Do
点	Point	Po
定数等分	Divide	Div
定矩等分	Measure	Me
图案填充	Bhach	H
徒手画线	Sketch	
多行文本	Mtext	Mt
创建块	Block	B
插入块	Insert	I
写块	Wblock	W
面域	Region	Re
文字样式	Style	St
单行文本	Dtext	Dt

二、编辑、标注命令

中文名称	英文名称	别名
复制	Copy	Co
删除	Erase	E
镜像	Mirror	Mi
阵列	Array	Ar
旋转	Rotate	Ro
缩放	Scale	Sc
打断	Break	Br
修剪	Trim	Tr
延伸	Extend	Ex
移动	Move	M
偏移	Offset	O
拉长	Lengthen	
拉伸	Stretch	S
倒角	Chamfer	Cha
圆角	Fillet	F
分解	Explode	X
标注样式	Dimstyle	D
线性标注	Dimlinear	Dli
基线标注	Dimbaseline	Dba
连续标注	Dimcontinue	Dco
引线设置	Qleader	Le
特性匹配	Matchprop	Ma
编辑块	Bedit	Be
视图缩放	Zoom	Z
重生成	Regen	Re
修复文件	Recover	

三、其他命令

中文名称	英文名称	别名
图形界限	Limits	
图层	Layer	La
线型比例	Ltscale	Lts
距离查询	Dist	Di
坐标查询	Id	
面积查询	Area	Aa
单位	Units	Un
选项	Op	

四、快捷键

名称	键
对象捕捉	F3
等轴侧平面	F5
栅格	F7
正交	F8
捕捉	F9
极轴	F10
对象追踪	F11
命令栏显示	Ctrl+9
天正菜单	Ctrl++
切换输入法	Ctrl+Shift
中英文切换	Ctrl+空格键
复制	Ctrl+C
粘贴	Ctrl+V
撤消	Ctrl+Z
多线样式	Alt+O+M
切换文件	Alt+Tab
	Ctrl+Tab

参 考 文 献

[1] 吕润主编. AutoCAD 2010——机械绘图实训[M]. 上海：华东师范大学出版社，2012.

[2] 茹正波主编. AutoCAD2005 及天正 TArch6.5 建筑应用教程[M]. 北京：机械工业出版社，2008.

[3] 史宇宏，陈玉蓉，史小虎编著. 边用边学 AutoCAD 建筑设计[M]. 北京：人民邮电出版社，2009.

[4] 李波等编著. TArch8.0 天正建筑设计完全自学手册[M]. 北京：机械工业出版社，2012.

[5] 杨李福，段准主编. 建筑 CAD[M]. 北京：中国地质大学出版社，2008.

[6] 刘培晨，戈升波，刘静等编著. AutoCAD-TArch 建筑图绘制实例教程[M]. 北京：机械工业出版社，2004.

[7] 中华人民共和国国家标准. 房屋建筑制图统一标准 GB/T 50001—2010[S]. 北京：中国计划出版社，2011.

[8] 中国建筑标准设计研究院. 混凝土结构施工图平面整体表示方法制图规则和构造详图(现浇混凝土框架、剪力墙、梁、板)11G101-1[S]. 北京：中国计划出版社，2011.

[9] 叶家敏主编. AutoCAD 2007-建筑装饰[M]. 上海：华东师范大学出版社，2010.